共感される運用&
人を集める運用のしかた
ビジネスを加速させる使い方も
初心者の人も再入門の人も!

Twitter集客のツボ98

鬼努力ブロガー アフィラ

ソシム

はじめに

本書を手にとってくださり、ありがとうございます！

いきなりですみませんが、最初にひとつ質問させてください。

Twitterフォロワーが多いと得することは何でしょうか？

答えは複数ありますが、いくつか思い浮かんだでしょうか。

自身のファンができる、仕事を依頼される、お金を稼げる、自分の店を宣伝できる、人脈が広がる、価値観のあう仲間ができる……と、たくさんありますが、どれも正解です。これがTwitterの秘めたる力です。ひと言でいえば「影響力」です。**影響力さえ身につけば、あなたの人生は大きく好転します。**

Twitterの持つ可能性

Twitterでフォロワー数が増えたところで、本当に役に立つの？

所詮、Twitterって娯楽でしょ？

と思うかもしれませんが、安心してください。2年前の私ならまったく同じ感想を抱いていました（すでにこの時点でTwitterの可能性に気づいている人は賢いです！）。

結論、Twitter総フォロワー5万人の私の経験から話すと、Twitterのフォロワーが増えたことで人生がめっちゃ好転しました。その一部を紹介します。

- **本の出版依頼を受けた**
- **企業から案件を複数受注**
- **飲食店の共同オーナーに就任**
- **活動を応援してくれる人たちがいる**
- **価値観のあうビジネス仲間ができた**
- **Twitter経由で月100万円以上の収入**

Twitter運用をしていなければ、一生体験できなかった環境や人に出会うことができています。振り返りながら、本当にTwitterをはじめてよかったとしみじみと感じています。

1年半前の私はまったくの無名でした

現在、Twitter総フォロワー5万名を超え、ツイートにも何百の「いいね」をいただける私ですが、1年半前はまったくの無名でした。ツイートしても

「いいね」0、「リツイート（RT）」も0、「リプライ」も0で、誰もツイートを見ていないアカウントだったんです。インフルエンサーになりたいと思ってはじめたTwitterでしたが、最初の1〜2カ月でほとんど成果のないTwitter運用を続けていました。何でインフルエンサーのツイートには「いいね」が100以上つき、フォロワーがどんどん増えていくのか、疑問と悩みが増え続ける毎日を送っていました。

試行錯誤の中でTwitterノウハウを確立

そんな状況を打破しようと、1日1ツイート、3ツイート、5ツイート、10ツイート、20ツイートとツイート数を増やしながらデータを分析しました。伸びているインフルエンサーのアカウント運用を分析したり、Twitterヘルプセンターを読み込んだりと、試行錯誤し続けました。ツイート内容を少しずつ改善し、Twitterの機能を有効に活用する方法を模索、フォロワーさんに価値提供するためにはどうしたらいいか思考を続けました。

その結果、フォロワー数が少しずつ増えるようになり、運用開始6カ月で1万フォロワー、1年で3万フォロワー、現在5万フォロワーと、影響力を拡大することができています。ちなみに本書で、この実践・検証してきたノウハウを98項目に分けて、わかりやすく解説しています。

一般人でもフォロワーを増やすことができる

フォロワー数を増やせるのは一部の特別な人だけ。そう思うかもしれません。しかし2021年現在で、著名人・芸能人以外に「個人でも影響力を持つ人」が続々と増えています（匿名も多数）。私も匿名で活動する個人ですが、Twitter総フォロワー数は5万名を超えています。

では、フォロワーを増やせる人とそうでない人の違いは何か。**それは単純に「発信側」なのか「受信側」なのかの違い**です。

たとえば、あなたが好きなアイドルのコンサートをイメージしてください。主役はもちろんステージ上で歌うアイドルです。そしてそのまわりには楽曲を聴く観衆（ファン）が何万人といます。当然、ファンの人たちはステージ上に出て歌いません。ここでいうコンテンツの「発信者」とはアイドルであり、コンテンツの「受信者」は観衆です。ステージ上で歌いたければ、アイドルとしてオーディションに参加し、ダンスや歌を練習して本番を迎えることで、ステージで歌えるようになります。簡単にいうと、発信者として正しい努力を積みあげた先にステージがあるということです。

たとえ話が長くなりましたが、Twitterも同じです。**Twitterをやっているのにフォロワーが増えないのは、「発信者」として正しい努力をしていないから**です。発信側も受信側も無料で手軽に使えるのがTwitterなので意識しづらいですが、「発信者」と「受信者」のアカウントは明確に違います。

発信者アカウント **フォロワーに対する価値提供のためにTwitterを使う**

受信者アカウント **Twitter上で情報収集、自分の気持ちをつぶやくためにTwitterを使う**

端的にいえば、相手目線（フォロワー目線）なのか、自分目線なのかの違いです。アイドルが観衆のために歌ったり、観客が喜ぶ歌を用意するように、発信者に求められるのはフォロワーが喜ぶツイートをすることです。**無価値な自分語りなどは不要、常に価値提供を考えて発信する必要があります。**

正しく価値提供をするために

「価値提供する」といっても、具体的に何をすればいいのかわからないかもしれません。Twitterでフォロワーを増やせばチャンスが増えるのはわかったけど、自分にはうまくできる自信がないと思うかもしれません。そんな**Twitter初心者**、**Twitter再入門者**に向けて、本書では「Twitter集客の98のツボ」を紹介していきます。各種機能の使い方、アカウントの設計方法、ツイートの作成方法まで、豊富な事例つきでわかりやすくお話ししていきます。

もしフォロワー数が増えたら？　影響力が身についたら何がしたいか？　そんなことを考えながら、読み進めてみてください。そして実際にTwitter運用する際、出てきた悩みに応じて教科書のように何度も読み返してくれたらうれしいです。正しく価値提供を行い、Twitterで影響力を身につけていきましょう！　それでは本編をどうぞ。

鬼努力ブロガー　アフィラ

Contents

Chapter3

さぁ、Twitterをはじめよう！
伸びるアカウントをつくる

Chapter4

Twitterの機能をフル活用しよう

Twitterの機能や用語を知って、効果的な使い方をマスターする

Chapter5

ファンを獲得するためのツイートのしかた

反応率がよくなる魔法を手に入れる

Chapter6

もっとアカウントを伸ばす方法を知ろう！

アカウントをしっかり育てていくテクニック

Chapter7

伸び悩んだ時はこれで対処しよう！

伸び悩み解消に役立つTips

Twitterで集客するために
基礎項目を身につけよう！
Twitterの理解が深まれば
価値提供の幅が広がり、
ビジネスが加速していく!!

Twitter運用について理解しよう！

アカウントを育てるための最初の一歩

Chapter1では、Twittrer運用をはじめる際に知っておくべき、基礎中の基礎を解説します。Twittrerをやる価値、フォロワーが増えるしくみなど、全体像をつかむことからはじめていきましょう。

Chapter 1　Twitter運用について理解しよう！

01 Twitterのアカウントを育てて運用していくとすごいことが起こる

Point!!

- Twitterを使ってチャンスをつかむ個人が増えている！
- 本気でTwitterで発信する3つのメリットとは？
- 初期費用0円でつかむTwitterドリーム!?

Twitterを使ってチャンスをつかむ人が増えている

今までTwitterをビジネス活用していたのは、企業と一部の有名人でした。しかしここ2、3年ほどで状況は変わり、**Twitterをビジネス活用する個人事業主や一般の人が増えてきました。**

そして一度Twitter上で影響力を手に入れることができれば、異業種のすごい人たちとの交流が実現したり、自分のブログやメルマガ、noteがたくさん読まれるようになったり、ブランディングができたり、ビジネスが加速したり、お金を稼ぐこともできるような時代になってきたというわけです。

かくいう私もTwitterを使ってチャンスをつかんだ1人です。Twitterをはじめて1年で3万人以上のフォロワーを獲得し、何かツイートすれば数万人に自分の考えを届けることができるようになりました。

ただの一般人の私がこれほ

◎ アフィラ（著者）のTwitterアカウント

ど大きな影響力を手に入れる手段は、Twitter以外に考えられません。何者でもなかった自分が、多くの人に自分の考えを伝えられるようになったのはTwitterのおかげです。

最近ではTwitterのとてつもない可能性に気づいた人が、どんどんチャンスをつかんでいるので、興味がある人は本書を活用してチャンスをつかんでみてください！

◎ **Twitterでチャンスをつかむ人が急増中**

本気でTwitterで発信する3つのメリットとは？

では具体的に、「本気でTwitterで発信するメリット」は何なのか、掘り下げていきます。大きく分けるとTwitterで発信するメリットは次の3つです。

Twitterで発信する3つのメリット

❶ すごい人と交流することができる
❷ 情報発信をすることで学びを得られる
❸ 集客、マネタイズができる

これら3つが大きなメリットです。Twitterを使ってビジネスを動かしたり、稼いだり、Twitterで有名になることももちろん可能ですが、それ以外にもTwitterならではのメリットがあるので、まずはひとつずつ見ていきましょう。

❶ すごい人と交流ができる

Twitterには、実業家や上場企業の役員、月100万円以上を稼ぐブロガーやYouTuberなど、すごい人がたくさんいます。普通では交流できないような人たちですが、Twitterを通せばその人たちとリプライ（コメント機能）などでコミュニケーションが取れます。

Twitterのフォロワー数が増えるほどそのチャンスは増え、私自身も上場企業の社長や元プロミュージシャン、年商数千万円稼ぐフリーランスの人たちとお会いしてお話をうかがうことができています。

Twitter運用をすれば、普通には出会うことがないすごい人たちと交流ができ、自分の人生にプラスの出会いが見つかること間違いなしです。

❷情報発信をすることで学びを得られる

Twitterでアウトプットをするのは、自分の思考を言語化するのに役立ち、物事の理解を深める効果があります。

ラーニングピラミッドで示されるように、誰かに何かを伝えることは自身の学びになります。本やYouTubeなどで学んだこと、日常の気づきや思考をツイートしていくのが、Twitterの有効な活用法です！

❸集客・マネタイズができる

Twitterを使えば大規模集客が可能になります。たとえば自分のブログやYouTubeチャネル、店舗（サロン、教室）情報などを多くの人に知ってもらうことができます。ほかのSNSと比較してもTwitterはリツイート機能があるおかげで拡散性が高く、大規模な集客をすることに向いています。

実際、私のTwitterアカウントでは、1カ月に最大2,000万人ほどにリーチできたこともあります。Twitterでブログを拡散すれば、ブログの読者数もも

◎ Twitterは拡散力がほかのSNSとは桁が違う

のすごい勢いで増えていき、さらに拡散力を増していきます。

またTwitterをビジネスツールとして活用した場合、マネタイズにも有効です。ブログやYouTubeへアクセスを流すことで収益をアップすることもできますし、個人スキルをTwitter経由で販売してお金を稼ぐ人もいます。最近ではnoteに自身のノウハウをまとめたものを販売し、Twitterで集客して売るのが流行していますね。

このようにTwitter経由のマネタイズで、月10万円以上を副業で稼ぐ人もたくさんいます。私はTwitter経由で100万円以上の収益をあげています。お金を稼ぐ目的で運用するにしても、Twitterは非常に有効なビジネスツールといえますね。

初期費用0円でつかむTwitterドリーム!?

Twitterは誰でも無料ではじめることができます。普通なら、ビジネスをはじめるときに初期投資が必要になりますが、Twitterの場合は0円でスタートできます。

初期費用がかからず、一般人が影響力・拡散力を手に入れたり、月5万円、10万円といった副収入を得られたりする方法は、そんなに多くはありません。

必要なのはちょっとしたTwitter運用の知識と、毎日コツコツ運用するやる気だけなので、Twitterドリームをつかみたい人は、本書を何度も読み返してチャレンジしてみてください！

Twitterのチャンスに気づいた人がどんどん参戦中！
無料で誰でもはじめられるので、
Twitter運用を開始せよ！

02 フォローについて、もう一度ちゃんと理解しておこう

Point!!

- フォローされるとは何か
- フォロワーが増えるしくみ
- Twitter運用で見るべき指標

フォローされるってどういうこと？

Twitterではフォロワー数を増やすことが大事ですが、そもそもフォローされるにはどうしたらいいのでしょうか？

その答えは、**「価値提供」できるかどうか**です。新規のフォロワーになる人へ価値提供ができるなら、フォローしてもらうことができます。具体的に考えられる価値提供には次のようなものがあります。

価値提供

- 役立つ情報をツイートしている
- 気づきをくれるツイートをしている
- 共感できるツイートをしている
- 面白いツイートをしている
- いいね、リツイート、リプライをよくしてくれる

このように、「自分にとってメリットがある」と感じたらフォローしてもらえます。つまり、常に相手目線で役に立つTwitter運用を心がけていくことが大切ですね！

フォロワーが増えるしくみ Twitterファネルとは？

フォロワーが増える基本がわかったところで、ここからはマーケティングの観点からフォロワーが増えるしくみを見ていきましょう！

ファネルとは、漏斗（ろうと）という意味です。中学生のとき、理科の授業でろ過の実験で使った逆三角の形をした器具をイメージしてください。

Twitterファネルとは、フォローまで繋がるユーザーの反応と行動の絞り込みを表しています。次のSTEPに進むほど数が少なくなっていくので、図にすると漏斗の形になります。

◎ フォローまでの3STEP

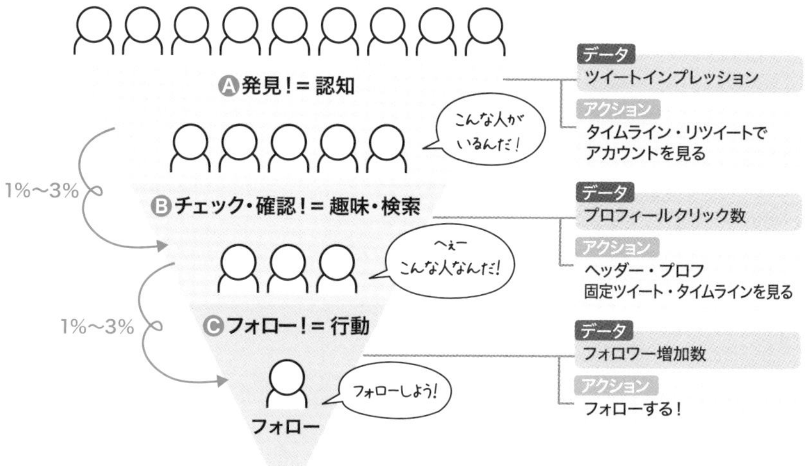

Twitterのフォローは、その人の存在を知り（Ⓐ）、どんな人なのかチェック・確認し（Ⓑ）、気になったからとりあえずフォローする（Ⓒ）という流れが一般的です（それぞれ上図の **データ** で確認できます。詳細は次頁参照）。

ですから、フォロワー数を増やそうとする場合、次の3点が重要になります。

Twitterファネル

- **発見してくれる人の数を増やすこと**
- **どんな人物なのか明確にアピールすること**
- **フォローしておく理由をつくること**

Twitter運用をするうえでこの理解は根幹となるため、必ず押さえておきましょう。

フォロワーが増えるしくみ 指標データ

フォロワーを増やす際、分析すべきデータは、次の3つの指標です。

Twitterで分析すべき3つのデータ

❶ツイートインプレッション
❷プロフィールクリック率
❸フォロー率

これは先ほどの「フォロワーが増えるしくみ：Ⓐ発見、Ⓑチェック、Ⓒフォロー」と連動しています。では、それぞれの指標データを簡単に見ていきます。

❶ツイートインプレッションとは

自分のアカウントが表示された総数のことです。基本的にツイートインプレッションが増えれば、それに応じてプロフィールクリック数、フォロー数も増えます。

◎ **ツイートインプレッション**

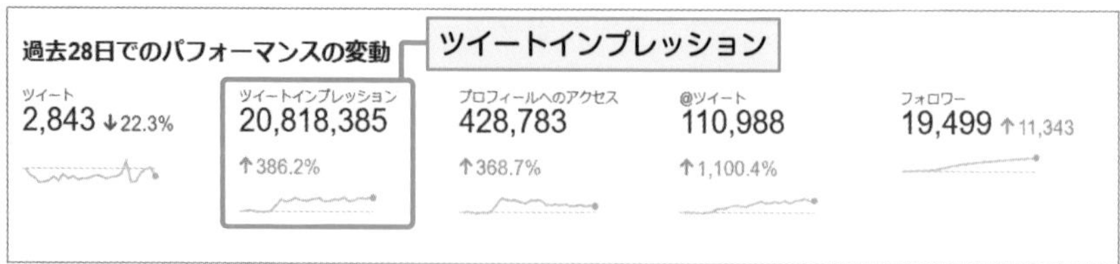

❷プロフィールクリック率とは

プロフィールクリック率とは、興味を持ってアカウントまで見に来た人の数で、次の式で算出されます。

ℹプロフィールクリック率の計算式

ツイートあたりのプロフィールクリック数 ÷ インプレッション数 ＝ プロフィールクリック率（%）

たとえばツイートが1万回表示され、その内250人がアイコンをクリックしてアカウントを見に来た場合、プロフィールクリック率は「250÷10000=2.5%」となります。

◎ プロフィールクリック率の算出

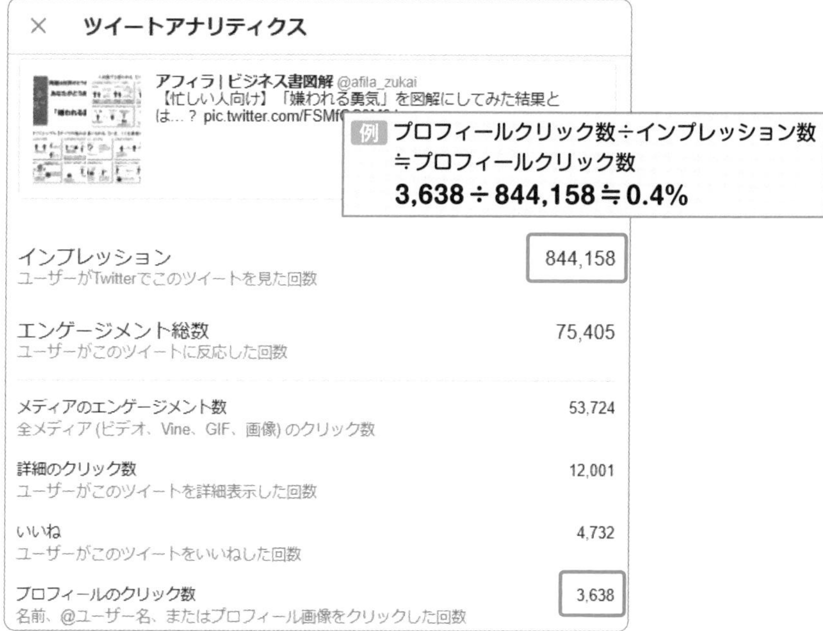

❸フォロー率とは

フォロー率とは、**今後も発信を見るためにフォローした人の割合**で、次の式で算出されます。

ⓘフォロー率の計算式

フォロワー増加数 ÷ プロフィールアクセス数 = フォロー率

たとえばプロフィールに来た人が100人で、そのうち2人がフォローした場合、フォロー率は「2÷100＝2%」となります。

プロフィールまでアクセスしてくる人はそれほど多くないのでプロフィール文やヘッダー、固定ツイートにこだわって、フォロー率を高めておくのがTwitter運用のコツです。

◎ フォロー率の算出

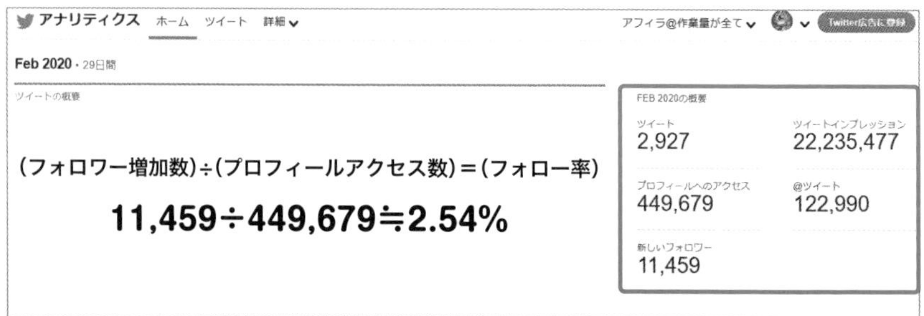

これらの指標データは、**PC版Twitterの「ツイートアナリティクス」で確認することができます。**週1ペースで確認しつつ、月1回ぐらいの割合でTwitter運用の方針を見直すようにしましょう。

03 Twitterには大きく3種類のアカウントがある！

Point!!

- Twitterのアカウントは3つに分類できる
- アカウント別の特性を把握しておく
- Twitterをビジネス運用するなら発信がメイン

Twitterのアカウントは3つに分類できる

Twitterを個人が使用する場合、大きく分けて次の3つの使い方があります。

アカウントは3つに分類できる

❶ 情報収集アカウント
❷ 交流系アカウント
❸ 情報発信アカウント

完全に分け切れるわけではないですが、自分の使い方として❶❷❸のどれをメインにするのかという大別はできます。

より理解を深めるために、具体的に見ていきます。

情報収集アカウントとは？

情報収集アカウントとは、著名人、企業アカウント、インフルエンサーなどをフォローして、情報を得るためだけにTwitterを利用している人のアカウントを指します。あまりツイートはせず、フォロワー数を増やす必要性も感じていない人のアカウントです。

Twitterはリアルタイム性の高い情報や著名人の思考・知識に触れることができるため、この利用をしている人はかなり多くいます。

交流系アカウントとは？

共通の趣味や取り組んでいることを共有し、Twitterをコミュニケーションツールとして利用しているアカウントです。たとえば同じ大学のメンバーと交流したり、サッカー好きの人同士で交流したり、同じゲームをやっている人と攻略情報をシェアしたりする活用法ですね。

SNSの本質は交流することにあるので、交流をメインとした運用をしているアカウントは多く、フォロワー数を無理に増やそうとはしていない人が多いです。

情報発信アカウントとは？

個人の影響力をつけることや、実店舗・ブログなどの集客を目的とした運用アカウントです。**Twitterを通して自身の持つ情報を発信し、価値を提供することでフォロワー数を増やす運用が基本です**。

Twitterを交流ツールと捉えるのではなく、1対n型の情報発信プラットフォームと捉える考え方で、YouTube・ブログ・Instagram・Facebookといった各種プラットフォームと同様に扱われています。

本書で解説するのはこの「情報発信アカウント」としてのTwitter運用であり、世間に対して価値提供をすることで、Twitterのメリットを最大限享受しようとするものです。

事例として、私がTwitterを教えてきた人は、約3カ月でフォロワー数1,000名を達成している人が多数います。そしてフォロワーが1,000名以上いれば、月数万円の利益をブログであげることや自社サービスに興味を持ってもらうことも難しくはありません。

本書では、Twitterをゼロからスタートして3カ月でフォロワー数1,000名を達成し、集客・マネタイズができるようなノウハウを余すことなく紹介していきます。

04 Twitterにいる人の8つの心理を知っておこう

Point!!

- Twitter民は8つの心理を持っている
- フォロワーを伸ばしたいなら8つの心理のどれかに答える
- ❹❺❼❽に応えるのがお勧め

Twitter民の8つの心理

Twitterの世界にいる人たちを、便宜上、Twitter民と呼んでいます。そのTwitter民たちの8つの心理を押さえることが、アカウントを育てる秘訣です。

8つの心理

❶フォロワーを増やしたいなぁ
❷リツイートたくさんほしいなぁ
❸いいねいっぱいほしいなぁ
❹自分の気持ちに共感してほしいなぁ
❺有益な情報がほしいなぁ
❻面白いネタが見たいなぁ
❼がんばっている人を応援したいなぁ
❽自分の悩みを解決したいなぁ

では、それぞれの心理について見ていきましょう。

❶フォロワーを増やしたい気持ちに応える

Twitter上ではフォロワー数が多い人はすごいとされているため、Twitter

を運用するならフォロワー数を増やしたいと、みんなが思っています。そのため、次の2つのような**フォロワー数の増加に繋がるアクションは喜ばれます。**

価値提供

- **先にフォローする**
- **アカウントを紹介する**

たとえば上記のアクションは有効です。お互いがフォローすることでフォロワー数が1ずつ増えるので、自分からフォローするといいですね。

その際は、**相手に気がついてもらえるように直近のツイートにいいね&リプライ（コメント）をして、フォローバック率を高めておく**のがコツです。この方法は非常にやりやすくて効果があるので、自分が仲よくしたい人がいるなら、積極的にフォローして交流するようにしましょう。

❷ リツイート（RT）してほしい気持ちに応える

Twitter民の誰もが、リツイートをほしいと思っています。自分のツイートをもっと多くの人に届けたいという欲求があるからです。実際、フォロワー数5,000人以下のアカウントの場合、リツイートは1～10個が平均なので、1回リツイートされる価値は大きなものになります。

リツイートすることで相手に知られやすくなりますし、引用リツイート（コメントつきリツイート）なら、さらに相手に気づいてもらいやすくなります。

❸ いいねがほしい気持ちに応える

みんな、**自分のツイートにいいねをつけてほしいと思っています。このツイートは「何いいねまで増えるかな？」とワクワクしながらTwitterをやっている人がほとんどです。**

ですから、フォロワーだろうとなかろうと、気になったツイートには積極的にいいねをしていきましょう。いいねをすることで、「〇〇さんがいいねしました」と相手に通知が飛ぶので、「どんな人がいいねしてくれたんだろう？」と相手は思います。そこから交流が生まれ、繋がりができることもよくあります。

❹ 自分の気持ちに共感してほしいに応える

誰しも自己承認欲求を持っているため、自分の気持ちに共感してほしいと思っています。Twitterでは、共感が「いいね数」「リツイート数」「リプライ数」といった数値で可視化されるので、「共感＝自己承認欲求」という形で特に顕著に現れます。ということは、**共感できるツイートを見つけたら、「いいね」と「リプライ」で、自分も共感していることを示すのがいい**です。

そうすれば相手から信頼を得られるので、交流が生まれやすくなります。

❺ 有益な情報をほしがる気持ちに応える

Twitterでは、**みんなの役に立つ情報が拡散されやすい**です。なぜなら無料で有益な情報をほしいと思っている人ばかりだからです。ツイートは受動型なので、役に立つ情報を発信し続けるアカウントは「フォローしておこう」と思ってもらえます。

ということは、自分の発信ジャンルで「みんなが役に立つ情報を積極的に発信していく」と、フォロワー数が自然と増えていきます。

❻ 面白いネタが見たい気持ちに応える

Twitterでは役立つ情報のほかに、ユーモアのあるツイート、すなわち**エンタメ系も拡散されやすい**です。役立つ情報の発信ばかりではなく、たまに面白いツイートを混ぜることで人気アカウントになることができます。

❼ がんばっている人を応援したい気持ちに応える

Twitterでは**「何かをがんばっている人」が応援されやすい**傾向にあります。**自分が真剣に取り組んでいることについて、そのプロセスをツイートしていく**とフォロワー数が増えやすくなります。まさに自分の成長ストーリーをコンテンツ化するイメージですね。

自分の挑戦過程はほかの誰とも被らない、唯一無二のコンテンツとなるので、Twitterを通して成長も失敗も発信していくのがいいです。

フォロワー数の増加に繋がるばかりか、自分の振り返りにも役立ちますから。

❽ 自分の悩みを解決してほしい気持ちに応える

みんな何かしらの悩みを抱えながら生きています。その悩みを解決する方法がTwitterで流れてきたら当然うれしいわけで、フォロワーになってくれる可能性が高くなります。

自分の発信ジャンルで、みんなが抱えていそうな悩みを解決するツイートはウケがいいですし、新規フォロワーの獲得に繋がります。また、「Zoom相談受けつけます」といった企画を実施するとビジネスにも跳ね返ってきて、非常に有効ですね。

Twitterにいる人の悩みを解決するポジションを獲り、集客に繋げていくのがポイントです。

◎ **Twitter民の８つの心理を理解して応える！**

8つの真理を理解する

- ❶ フォロワーを増やしたいな
- ❷ リツイートたくさんほしいな
- ❸ いいねいっぱいほしいな
- ❹ 自分の気持ちに共感してほしいな
- ❺ 有益な情報がほしいな
- ❻ 面白いネタが見たいな
- ❼ がんばっている人を応援したいな
- ❽ 自分の悩みを解決してほしいな

価値を提供する

応援したり、悩みを解決することで価値提供をする！ フォロワー心理に寄り添った活動が大切

Twitterを伸ばす秘訣は、
価値提供！
誰かの悩みを解決したり応援したりと、
役に立つ活動をしていこう！

Chapter 2

具体的な運用計画をつくろう！

3カ月で集客できるようになる

Chapter2では、3カ月間で集客ができるようになる具体的な手順について解説します。1カ月目、2カ月目、3カ月目とやるべきことを示しているので、運用する際のイメージづくりをまずしていきましょう！

01 Twitterアカウントの3カ月運用計画を作成する

Point!!

- 目標（ゴール）を設定する
- ブランディング軸を決める
- 具体的なTODOアクションを書き出す

目標（ゴール）の設定

Twitter運用は**目標を立てることが必要不可欠**です。理由は一般的な目標設定やビジネスにおけるプランと同じで、**ゴールを設定して一直線に行動しなければ、アクションが定まらず無駄な努力になってしまう**からです。

たとえるなら目的のないTwitter運用は、地図を持たずに大海原に出るようなもの。どこに向かっていいかわからず、海の真ん中で立ち尽くすことになりかねません。

そうならないように、まず**「3カ月後にどんな自分になっていたいのか？」**を決めましょう。紙に書き出して、いつでも思い出せるようにしておくといいですね。といっても漠然としているので、実際に取り組める具体的な目標設定の質問を用意しました。

Q1 3カ月後にどんな自分になっていたいのか？
Q2 フォロワー数はどれくらいか？
Q3 フォロワーからどんな反応がほしいのか？

まずは、この3つの質問の回答をA4の紙に書き出してみましょう。そして、トイレの壁や部屋の扉、机の前など、**1日1回は必ず見る場所に貼る**ようにします。その紙を見たら声に出して読みあげる、これを毎日繰り返していくんです。

少しやりすぎな気もしますが、これくらい目標を意識しないと達成することはできません。**目標を立てても意味がないという人は、意識していないから達成できないだけ**です。このレベルで意識すれば達成できるので、本気でTwitterを伸ばしたいならやってみましょう。

ちなみに、私の回答は次のような感じです。

A1 **ブログノウハウ発信者として認知を得る**
A2 **フォロワー数1,000名**
A3 **いいね平均20、リプライで交流できる人20人**

また目標設定は、次の6つの時点で**スモールゴールを設定すると達成率が上がります**。次のサンプルに、この場合なら❶〜❻に上記の A2 を達成するためのスモールゴールを記入してみてくださいね（記入例は次頁参照）。

3カ月目で集客できるようになるための目標シート

❶ 15日目：
❷ 30日目：
❸ 45日目（中間目標）：
❹ 60日目：
❺ 75日目：
❻ 90日目（最終目標）：

目標から逆算して
スモールゴールを設定しよう！
達成確率が上がり、
Twitterを伸ばしやすくなる！

目標シートの記入例 A

❶ 15日目：フォロワー数200名
❷ 30日目：フォロワー数300名
❸ 45日目（中間目標）：フォロワー数400名
❹ 60日目：フォロワー数600名
❺ 75日目：フォロワー数800名
❻ 90日目（最終目標）：フォロワー数1,000名

目標シートの記入例 B

❶ 15日目：フォロワー数300名
❷ 30日目：フォロワー数500名
❸ 45日目（中間目標）：フォロワー数750名
❹ 60日目：フォロワー数1,000名
❺ 75日目：フォロワー数1,250名
❻ 90日目（最終目標）：フォロワー数1,500名

最初のブランディング軸を決める

まず最初に、自分のアカウント運用のブランディング軸を決める必要があります。なぜならブランディングが定まっていないと、影響力を高めることができないからです。

「○○といえば△△」といわれるレベルにならなければ、Twitter運用は意味がありません。まずはどんなブランディングを獲りにいくのか、決めてから運用を開始するのがポイントです。

ブランディングで最初に決めておくべきことは、次の8個です。まずはこれらをしっかり決めておきましょう。

最初に決めておくべき8つのブランディング軸

❶ アカウント名（例 アフィラ）
❷ 肩書（例 鬼努力5年目ブロガー）
❸ 発信ジャンル（例 鬼努力、継続、挑戦、Twitter運用）
❹ アイコン（例 鬼のイラスト）
❺ テーマカラー（例 赤、オレンジ）
❻ キャッチアイテム／絵文字（例 ロケット）
❼ ヘッダー（例 覚悟を決めて努力の積みあげ）
❽ キャッチフレーズ（例 作業ロケット、おはようジャパァーン）

そして、このブランディング軸をもとにしたブランドイメージを浸透させることを目的として、プロフィールなどを設定、ツイートをしていきます。

ブランディングは一貫性が鍵

最終的なブランディングを確立するには、一貫性が鍵となります。**1本の芯が通ったTwitter運用ができないと方針がブレブレになってしまい、集客にも繋がりません。**

Twitterブランディングの貫くべきものは次の項目で、徹底的にこれらの一貫性を持たせるようにします。

ブランディング軸を通すための10のポイント

❶ Twitter運用のゴールを決める
❷ ツイート内容を徹底する
❸ アイコンで覚えてもらう
❹ ヘッダーで訴える
❺ プロフィール文でアカウントにメリットを感じてもらう
❻ 固定ツイートでしっかり訴求する
❼ 外部コンテンツと統一して連携する
❽ 企画はブランディングに沿った内容にする
❾ Twitter外の活動も軸を通したものにする
❿ 目標にしている人にリプライをする

これらの軸を真っすぐ通せば通すほど、アカウントの魅力は高まっていきます。たとえばTwitter運用のゴールが「初心者向けの格安SIM乗り換えサービスの販売」であれば、ツイート内容も格安SIMの豆知識、外部コンテンツ（ブログ・note・YouTube）などでも格安SIMに関する知識を軸にして発信すべきです。

Tips 初心者によくあるミス

軸がブレブレで定まっていない人は、Twitterではブログのことや家族のことをつぶやき、ブログでは格安SIMのことを書き、Twitterのリプライ先はTwitter運用をがんばっている人に送っていたりします。

これでは自分のゴールに一直線に向かった運用になっておらず、集客につながることはありません。ブランディングは戦略が重要なので、自分の立てた戦略にしたがって徹底的に運用していきましょう。

具体的なTODOアクションを書き出す

最終目標とアカウント運用の方向性が定まったら、あとはその目標を達成するために何をすべきか書き出していきます。

この**TODOアクション計画を定めなければ、Twitter運用はうまくいきません。**なぜならTwitterは無限に時間を消費してしまうように設計されているSNSなので、ダラダラと時間を浪費してしまう危険性が非常に高いからです。

実際、Twitter運用で失敗する人の多くは、Twitterに費やす時間をコントロールできずに失敗してしまい、継続できなくなってしまう人がたくさんいます。**Twitter運用で失敗しないためにも、目標に向かって、「必要な行動」を「決められた時間内」に終わらせることを心掛けて**いきましょう。

それでは具体的なTODOに設定すべき項目について見ていきます。まずは**「1日のうちにどれだけの作業時間をTwitterにかけるか」**を決めます。自分の1日のライフスタイルや、やる気に応じて次の3つのプランから選んでみてください。

Twitterに費やす時間プラン

お手軽プラン 1日45分　**普通プラン** 1日90分　**本気プラン** 1日120分

この3つです。1日にこれだけのTwitter時間をまず確保するようにします。Twitterはスマホでもサクッとできるため、隙間時間をうまく活用できるようにしましょう。作業時間が決まったら、続いて「**実作業にどれだけ時間をかけるか**」を考えます。

❶ ツイートにかける時間
❷ リプライにかける時間
❸ そのほかのTwitter運用にかける時間

この3つに分類して時間を設定していきます。割合は、❶80%、❷10%、❸10%くらいで考えます。それぞれのアクションについて簡単に見ておきます。

ツイートにかける時間は、最初のうちは1ツイート10分以内、慣れてきたら1ツイート5分以内を目安とします。

リプライは「認知獲得のためのリプライ」「新規交流のリプライ」「返信リプライ」に分けられます。先の2つは、リスト機能（Chapter4-10参照）を活用して効率的に運用していくようにします。返信リプライは、自分のツイートについたリプライに対して返信します。

Tips　リプライの相手はだれ？

リプライの相手を大別すると、次の3パターンになります。そして、表の右側のようなことを心がけてリプライしましょう。

相手	リプライの目的
❶インフルエンサー	インフルエンサーのリプライ欄で自分の存在を多くの人に知ってもらう
❷新規で相互フォローになりたい人	仲よくなりたい人には自分からリプライで積極的に絡んでいく
❸フォロワー	自分に届いたリプライに対しては丁寧に返信して交流を深める

リプライはすべて返さなくてもいい

フォロワーの数が増えてくると、比例して自分宛のリプライも多くなってくるので、返信に時間がかかってしまいます。律儀な人ほど、リプライをすべて返さないといけないと思ってしまい、Twitterに大量の時間を取られてしまうものですが、それはあまり得策ではありません。

リプライをすべて返す義務はないので、自分が使える時間内で無理なく返信するのが、Twitterとうまくつきあっていくコツです。

自己分析からブランディング構築をする

Twitterブランディングを確立するうえで重要なのが、自分の強みを生かすことです。ビジネスの基本は自分だけが有利な場所で戦うことなので、自己分析をして強みを見つけることからはじめるといいです。

自分の強みを見つける方法で、私のお勧めは次の３つです。

自分の強みを見つける３つの方法

❶ ブレインダンプ
❷ エムグラム（mgram：https://mgram.me/ja/）
❸ ストレングス・ファインダー 2.0（Amazonなどで書籍を購入）

私も上記の３つの方法を実践しています。

ブレインダンプはA4の白紙があればできます。エムグラムは無料の診断サイト、ストレングス・ファインダー 2.0は、書籍を購入すれば2,000円程度で実践可能です。

これらの手法で自己分析をしたあと、自分がTwitter上で発信できそうな強みや実績を選んでメモしておくといいです。プロフィールを構成する際に使用したり、ツイートの節々に織り交ぜていくと、時間経過とともにブランディングが確立していきます。

ブランディングは１日にして成らず、長期的に浸透させていく必要があるので、一貫性をもって運用していきましょう。

02 プロフィール項目の重要性

Point!!

- プロフィールは運用上の重要項目
- プロフィールは常に改善していくもの
- 1カ月目は最低限のクオリティでOK

プロフィール項目の重要性（Chapter3-03 ～ 05参照）

Twitter運用ではプロフィール周りが最重要です。その理由は、**「フォローするかどうか」や「ブランディング」はプロフィール周りの出来映えで8割方決まってしまう**からです。他人のTwitterアカウントを隅々までじっくり見る人はいません。

たいていの場合、アイコンが気に入ったから、肩書きやプロフィールに興味を持ったからというのがフォローする理由になります。そう考えると、プロフィール項目のうち、特に重要な設定項目は次の5つになります。ここにこだわりを持つべきです。

プロフィールの5つの重要項目

1. アカウント名
2. TwitterID
3. アイコン
4. ヘッダー
5. プロフィール文

プロフィール項目は常に改善する

プロフィール項目はTwitter運用をしていくなかで、常に改善していかなければなりません。理由は、**現在のフォロワー数や流行りなどから、「最適なモノ」が変わってくるからです**。具体的には、ツイートアナリティクスの数値を見て分析したり、Twitterのアンケート機能でフォロワーの反応を見てみるのもいいでしょう。

なので、1カ月目の段階では最低限の形ができていればOKです。じっくりと時間をかけて練りあげていきましょう。

◎ **プロフィール項目は常に改善する**

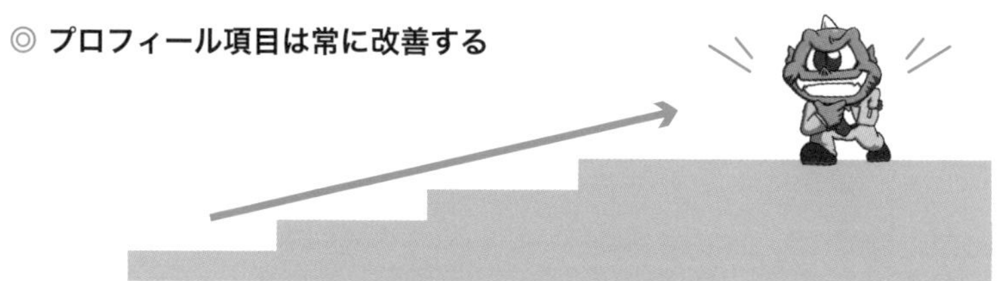

プロフィールは常に改善を繰り返し、最高レベルのものを用意する

1カ月目に最低限設定しておくこと

では、1カ月目の最低限の設定について見ていきます。

まず、❶アカウント名ですが、これは**最初からずーっと変更しないほうがいい**ので、時間をかけてじっくり練って考えましょう。名前の後ろにつく肩書きはあとで変更してもOKです。

❶アカウント名

例1 **アフィラ@鬼努力5年目ブロガー**
例2 **そうた@Web営業を教える人**
例3 **たべっち@図解×キャリア戦術**

次に、❷TwitterIDですが、これは**アカウント名のローマ字表記から続く、短い文字列にしましょう**。理由は紹介などする際に入力しやすく、わかりやすいからです。TwitterIDだけでも誰なのか？　が伝わる親切設計にしておきましょう。

❷ TwitterID

例 @afilasite　@sota_web15　@tabestation

続いて、❸アイコンと❹ヘッダーですが、これは最終的にプロのイラストレーターへ依頼して作成してもらいましょう。ただし運用開始時点ではどんなアイコンが正解かわからないので、無料アイコンか数千円程度で「仮のイラストアイコン」を用意するのもいいですね。

次のサイトでイラストレーターを簡単に探すことができます。

イラストレーターを探す場所

- **ココナラ（https://coconala.com/）**
- **ランサーズ（https://www.lancers.jp/**

最後に、❺プロフィール文ですが、**ここここそ常に改善していくべき項目**です。私は最初の6カ月は1週間に1度のスパンで修正をしていました。初期設定の段階では、次の7項目がプロフィールに含まれていればOKです。

プロフィール文に書くべき7項目

❶ 何をしている人か
❷ 過去の実績
❸ 現在の活動
❹ 目指している未来
❺ Twitterでの活動内容
❻ Twitter外での活動
❼アピールポイント

これらを160文字に要約して読みやすくまとめます。あなたの人物像がわかり、フォローボタンを押して明日も見たくなるようなものにしましょう。

プロフィール例

格安SIM販売歴7年の業界人。「1,000世帯以上の格安SIM変更を担当。ブログ・Twitterで「お得な格安SIMの変更方法」を提案。格安SIMに悩む人を0にすべく、日々活動中。Twitterでの乗り換え相談実績は10件突破。年間6万の節約がしたい方は固定ツイートをどうぞ。
（個別質問をDMで受付中）

こんなプロフィール文はダメだ！

Twitter初心者によく見かける、ダメなプロフィール文を見ておきましょう。要素としては次の7つです。

NGプロフィール

- 一文が長い
- 宣伝色が強すぎる
- 人物像がわからない
- 一般にわからない固有名詞の使用
- 多すぎる絵文字
- ハッシュタグが多い
- 省略された怪しいURL(外部リンク)

NG例

＃カレーと＃ラーメンをこよなく愛す＃社畜リーマンです。

とりあえず＃お金ほしい。

最近、Twitterをはじめたんですが、特にツイートすることなくて困っています。

カレーは中辛が至高。異論は一切認めない。仲よくしてくれたらうれしいです。＃相互フォロー＃相互

お小遣いほしい人はこちら⇒https://abunai.●●

こういったプロフィール文は不信感を抱かれやすいので、簡潔でわかりやすいアピールに変えるべきです。イメージとしては就職面接のように、わかりやすくハッキリと自分を伝えていく感じにしていきましょう！

プロフィールまわりはアカウントの顔！
常に最高のものにしあげておくと
フォロワー増加数が伸びる！

03 自分から積極的にフォローする

Point!!

- 最初に50人フォローしよう
- フォローする相手は影響力別に分ける
- 仲よくなりたいなら積極的にフォロー

1,000フォロワーまでの立ち回り方

まず、Twitterをはじめた時点ではフォローゼロ・フォロワーゼロの状態からスタートします。そして3カ月間活動し続けていくなかで、**「フォロー300・フォロワー1,000」のアカウントを目指す**ことをゴールとします。

基本的に自分からフォローして交流すれば、相手からフォローバックをもらえる可能性が高くなるため、最初はこの方法でフォロワー数を増やします。具体的なやり方は、最初に50人ほど交流したい人を選んでフォローし、その人たちにリプライ（コメント）を送ってフォローバックを待ちます。

最初にフォローすべき50人とは？

最初にフォローする50人とは、どんな人たちをフォローすればいいのでしょうか？　まず、ザックリと影響力別に次の3段階で分けます。

フォローする50人

- **インフルエンサー 10名：1万フォロワー以上**
- **マイクロインフルエンサー 20名：1,000 ～ 1万フォロワー**
- **同ジャンルで仲よくしたい人 20人:1,000フォロワー未満**

※ Twitter運用をしている人の中で、インフルエンサーとは1万フォロワー以上の人を指すので、本書ではその定義を用います。

まずはこの割合でフォローをして、相手のツイートにいいね＆リプライを送り、フォローバックを待ちましょう。この際、フォローする相手は「**今後も仲よくしたい人**」「**自分と発信ジャンルが同じ人**」を選んだほうがアカウントを育てるのはうまくいきます。

特に発信ジャンルが同じ人を選ぶのは重要です。 たとえば、自分が経営しているラーメン屋に関する発信をしていて、有名なラーメン屋の店長からフォローされれば、そのまわりのフォロワーにも発信が伝わりやすくなるからです。「あの人、有名ラーメン屋店長Ａさんの知りあいっぽいしフォローしておこうかな」と、影響力を借りることができるわけですね。

Tips Twitterは人と人の繋がりである

相互フォロワーの影響力を借りるというのはTwitterにかぎった話ではなく、現実世界における「友だちの友だちは信頼できる」というパターンと同じです。SNSは、本質的には人と人との繋がりなので、**友だちの輪を広げる感覚でやっていけばうまくいきます。**

結論 積極的にフォローすればOK

２週間ほどTwitterを運用してみて、少し反応が出てきてからも積極的にフォローしていきます。闇雲にフォローするのはNGですが、**ツイートにリプライをもらったり、自分が交流したいなって思った相手には、積極的にフォロー＆いいね＆リプライで交流していきましょう。**

相互フォロワーが増えたり、リプライでやり取りする相手が増えたら、そのまわりにいる人たちが気になって自分をフォローしてくれます。そんな感じで自分の影響力を少しずつ高めていくのが、Twitter運用のコツです。

自分から動いていかないと、最初のころはまったく反応がありません。とにかく自分からフォロー、いいね、リプライのアクションをして、ほかの人と交流する必要があります。積極的な行動がチャンスを生むので、まずは行動してみるのがお勧めですよ。

04 はじめは1日3ツイートで慣れていこう

Point!!

- 最初の7日間は1日1ツイートでOK
- 8日目からは1日3ツイート投稿
- 毎日ツイートすることは必須

最初の7日間 1日1ツイートを実行

最初の1週間は1日1個ツイートをつくって、夜の18時～21時の人が集まる時間帯に投稿しましょう。まずはツイートをつくることに慣れつつ、タイムラインで人気のあるツイートを見て分析していくことをしましょう。

Tips ツイート作成力のレベル上げに終わりはない

ほかの人のツイートでいい部分があれば取り入れ、自分のツイート作成力を上げていきましょう。ツイート作成に絶対の正解はないため、長い長い研鑽（けんさん）の旅がここからスタートします。何年もTwitterを運用している私もまだまだ勉強し続けて、レベルを上げるために日々努力しているところです。

8日目以降 1日3ツイートを実行

8日目以降は1日3個ツイートをつくって、朝（6～8時）、昼（11～13時）、夜（18～21時）の人が集まる時間帯に投稿しましょう。朝、昼、夜のみんながTwitterを見る時間帯に投稿して、Twitterで発信＆交流を図ることを習慣化し、Twitter運用を生活の一部に取り入れていくのがお勧めです。

毎日３ツイートすれば「この人はTwitterでしっかり活動している人だ」と認知されやすくなるので、毎日３ツイートを徹底していきましょう！

100フォロワー到達後 おはようツイートを追加

フォロワー数が100を超えて、リプライする相手が数名出てきたら「おはようツイート」を朝の５～７時に毎日投稿していきます。

「おはようツイート」とはTwitter運用勢のひとつの文化で、毎朝多くの人がツイートしています。そして仲のいい人のおはようツイートにひと言コメントを残すことで、「今日もよろしく」みたいな交流が行われています。

Twitterは交流して輪を広げていくことが重要なので、「おはようツイート」は毎日投稿したほうがいいです。仲よしさんのおはようツイートにコメントを残すようにすると、アカウントが伸びやすくなりますよ！

Twitter運用するなら毎日投稿は必須

Twitter運用を本気でやっていくなら、毎日投稿はほぼ必須。**最低でも「おはようツイート」＋「朝＋昼＋夜の３ツイート」は投稿するべき**ですね。Twitterを伸ばすには発信量を増やす必要があり、最低でも１日３ツイートは投稿しないとツイート数が少なすぎてしまいます。

YouTubeやブログなども同じですが、毎日活動する発信者は人気を得やすいので、1日3ツイートは必ず投稿できるようスケジュールを調整しましょう。

◎ **３ツイート＋おはようツイートは必須**

05 自分から積極的にリプライを送って交流の輪を広げよう

Point!!

- リプライは自分から積極的に送る
- 好意の返報性が顕著に働くのがTwitter
- リプライの送り先を大まかに決めておく

自分から積極的にリプライを送る

Twitterフォロワー数が少ないうちは、自分から積極的にリプライを送りましょう。Twitterではフォロワー数が多い人が当然注目を集めるので、運用初期のアカウントは見向きもされません。

そこで自分からインフルエンサーのツイートへリプライしたり、同じジャンルの内容をツイートしている人へリプライしましょう。リプライのやり取りもタイムラインに表示されるため、そこからフォローに繋がるパターンもよくあります。積極的に自分から動いていきましょう。

好意の返報性が顕著に働くのがTwitter

好意の返報性とは「人から何かをしてもらったら、何かを返したくなる」という心理法則です。Twitterではこれが顕著に働くため、**自分がしてほしいことは先にドンドンする**ようにします。

すなわち、「いいねがほしいなら自分からいいねする」「リプライがほしいなら自分からリプライする」「フォローがほしいなら自分からフォローする」「紹介してほしいなら自分がまず紹介する」といったぐあいです。まずは自分から相手に対して先制でアクションを取っていきましょう。

リプライの送り先について

リプライをどんな相手に送ればTwitter運用で有効なのでしょうか？　まず、ザックリと影響力別に次のように分けます。

影響力別リプライの3つの送り先

❶ インフルエンサー3名：1万～10万フォロワー
❷ マイクロインフルエンサー3名：1,000～1万フォロワー
❸ 同フォロワー帯4名：自分と同じくらいのフォロワー数

それぞれの影響力の借り方が異なるので、ひとつずつ見ていきましょう。

❶ インフルエンサーへのリプライ

インフルエンサーのツイートはインプレッション（見られる数）が高く、**当然リプ欄のインプレッションも高くなります。**しかし人気があるということは、1ツイートに対するリプライ数も多くなるので埋もれてしまう可能性も高くなります。

また、インフルエンサーのもとには大量の「いいね」や「リプライ」が届いているため、返信やいいねの反応が返ってくることは稀です（反応があった場合、かなり多くの人に自分を知ってもらえます）。

インフルエンサーに対するリプライは、あなたと同じようにインフルエンサーをフォローしている人向けの内容を書きます。これは、**リプライ欄を見てくれたほかの人に自分の存在を知ってもらうのが目的**です。

リプライ例

時間帯でツイートの反応率も変わりますね、納得です。
以前のアフィラさんのツイートを実践して、
今フォロワー数が増えてきているので、
こちらのテクニックもマネしてみます！

※ツイート内容をよく読んで相手がうれしいリプライをする。

❷ マイクロインフルエンサーへのリプライ

マイクロインフルエンサーはインプレッションもそこそこ高いですが、リプライやいいねなどの反応を返してくれることもよくあります。リプライのやり取りがタイムラインに表示されたりフォローバックされたりして、影響力を借りることも可能です。

自分と同ジャンルのフォロワーとの交流が多いマイクロインフルエンサーとは、リプライを通して交流を深めるようにします。

リプライ例

> **アフィラさん、**
> **自分もTwitter運用をがんばってますが、ここまで時間かけているとは！**
> **無料note50,000字はやばすぎです笑**

※ツイート内容をよく読んで相手がうれしいリプライをする

❸ 同フォロワー帯へのリプライ

自分と同じフォロワー数の人へのリプライは、仲間をつくるためです。Twitterは1人で戦おうとすると一気に難易度が上がります。一方、チームで戦うことを選ぶとイージーになります。

Twitterは人と人の繋がりを広げて自分の発信を届けていくものなので、起点となる自分のまわりに信頼できる仲間が必要です。その仲間に1番なりやすいのが、同時期にはじめた人や、同じくらいのフォロワー数の人です。

仲よくなるのに特段の理由なんて不要で、たまたま同じクラスになったから仲よくなったくらいの感覚で仲間を増やしていけばOKです。クラス替えの最初みたいに、自分から積極的に声がけして仲間の輪を広げていきましょう。

リプライ例

> **アフィラさん、カレー好きなんですか!?**
> **自分もカレー好きなので、**
> **Twitterでカレー好き同盟をつくりましょう!!**
>
> 友だちのノリでOK

※ツイート内容をよく読んで相手がうれしいリプライをする

Chapter2 具体的な運用計画をつくろう！

06 アイコン・ヘッダーを正式なものにする

Point!!

- アイコン、ヘッダーを正式なものにする
- 作成はプロに依頼したほうがいい
- 今後、半年～１年と長く使うものなのでじっくり練る

アイコン・ヘッダーを正式なものにする（Chapter3-05参照）

Twitter運用２カ月目には、アイコン、ヘッダーを今後半年、１年使う予定の正式なものにしましょう。**アイコン・ヘッダーはアカウントのブランドのベースをつくるので、むやみに変更するのは得策ではありません。**たとえば、よく行くラーメン屋の看板や内装が週１で変わったら違和感を覚えませんか？　それと同じことです。

Twitter運用２カ月目になったら、「どんなアイコン・ヘッダーを正式に使うか」アイデアを練りましょう。アイデアが固まったらプロのイラストレーターへ依頼するか、自分で作成してみましょう。

依頼するイラストレーター・Webデザイナーの探し方

イラストレーターやWebデザイナーの探し方は主に次の２つです。

❶ Twitter上で探す： アイコン 「イラスト アイコン」、 ヘッダー 「Twitter ヘッダー作成」などで検索。

❷ ココナラで探す：アイコン「https://coconala.com/」⇒「カテゴリーから探す」⇒「イラスト・似顔絵・漫画」⇒「アイコン作成」

ヘッダー「https://coconala.com/」⇒「カテゴリーから探す」⇒「Webサイト制作・Webデザイン」⇒「バナー・ヘッダー作成」

◎ ココナラでアイコンを作成してくれる人を探す手順」

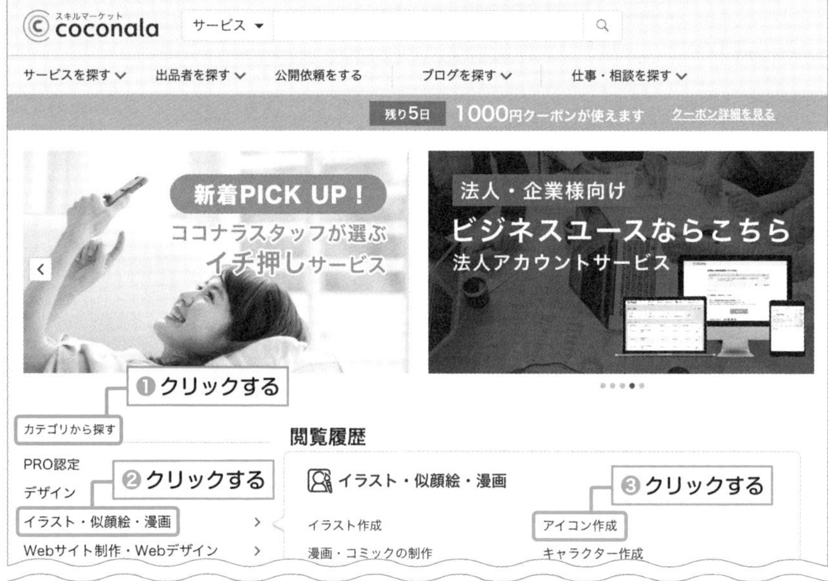

◎ ココナラでヘッダーを作成してくれる人を探す手順」

Twitter上でもアイコン制作を請け負っている個人がいるので、TwitterDMのやりとりで依頼することも可能です。ただし、**安心して金銭のやり取りをしたいとか、業界トップクラスの絵師に頼みたい場合はココナラを使用するといいですよ！**

アイコン・ヘッダー依頼の流れ

依頼するイラストレーターやWebデザイナーが見つかったら、次の手順で早速依頼しましょう。

❶ 自分でデザイン案をつくる
❷ 見積もり相談・要望を伝える
❸ 正式契約を取り交わす
❹ ラフ案が届くので擦りあわせる
❺ 最終案が届くので調整する
❻ 完成

◎ **アイコン・ヘッダー依頼の流れ**

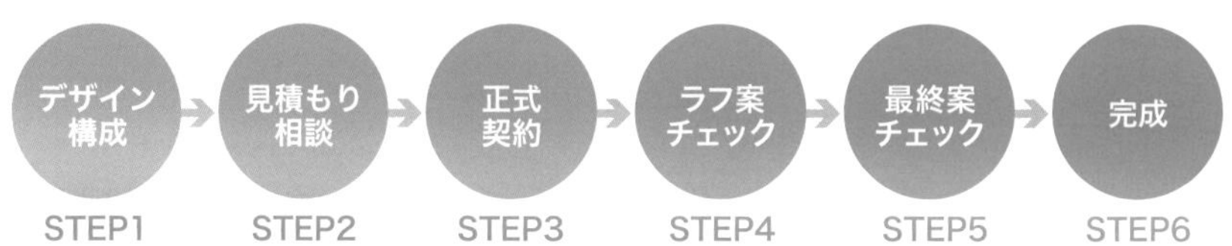

このような流れで進めていくのが一般的です。半年、1年と使う物なので妥協せず、納得できる最高峰のものをつくるよう心掛けるといいですね。

実際のラフ画像を公開

次の左図は、私のアイコンを作成したときのラフ案です。

ラフ案を受け取ったら、自分のブランディングや発信内容にあったキャラクター、ポージング、アイテム、カラーなどをこちらから伝えましょう。私の場合、お願いしたイラストレーターと3週間かけて作成しました。そして完成したアイコンが右図です。このアイコンに変更したあと、フォロワー数が大きく伸びました。フォロワーからは、「インパクトがハンパない」とよく言われます。

Twitterのタイムラインにはたくさんのアイコンが並ぶので、目を引くアイコンにするといいですよ！

ヘッダーを自作する場合

プロに依頼するのではなく自作する場合は、主に次の2つのツールを使う方法があります。

ヘッダーを自作する際の推奨ツール

❶ **Canva**（キャンバ）（無料画像加工ツール **https://about.canva.com/ja_jp/**）

❷ **Photoshop**（フォトショップ）（有料画像加工ツール **https://www.adobe.com/jp/products/photoshop.html**）

Photoshopのほうがクオリティの高いヘッダーがつくれますが、ほかに用途がなければ無料のCanvaでもOKです。自分でやるとどうしてもクオリティは下がってしまうので、質を上げたいならプロに依頼するのが1番ですね。

07 1カ月目の結果をどう分析すればいい？

Point!!

- 1カ月間のフォロワー増加数を確認
- プロフアクセス率、フォロー率を分析して改善
- プロフィールクリック率の高いツイートを見つける

1カ月目の結果で分析すべき4つの指標

Twitter運用を1カ月終えたら分析すべき指標は次の4つです。

分析すべき4つの指標

❶ フォロワー増加数
❷ プロフィールアクセス率
❸ フォロー率
❹ プロフィールクリック率

❶❷❸はアカウント全体の分析指標、❹はツイートの分析指標です。アカウント全体の分析指標を見て総合戦略を改善し、各ツイートの分析指標を見て1つひとつのツイートを改善していくのが正しいTwitter運用のPDCAです。

4つの項目は、すべてTwitterのアナリティクスを起動して見ることができるので、アナリティクスでの分析方法を覚えておいてください。

では、次頁からTwitterデータ分析の方法を見ていきます。

手順❶ PC版Twitterにログインして、ホーム画面の左側にある「もっと見る」をクリックして、「アナリティクス」をクリックする

Chapter 2

手順②「アナリティクス」をクリックして起動する

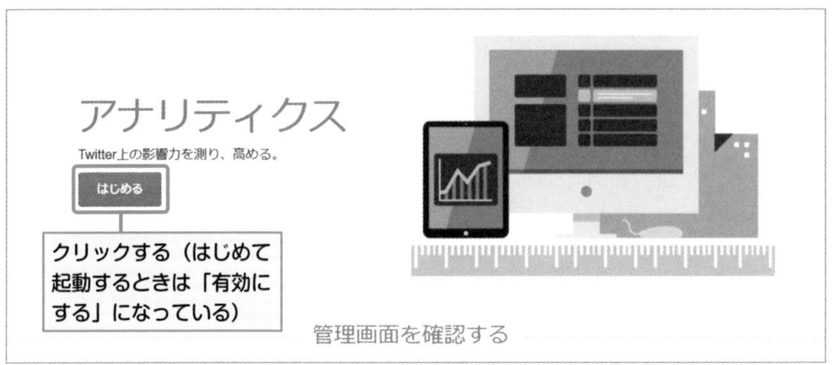

手順③ アナリティクスのホーム画面で、上部にあるツイートタブをクリックする

▼

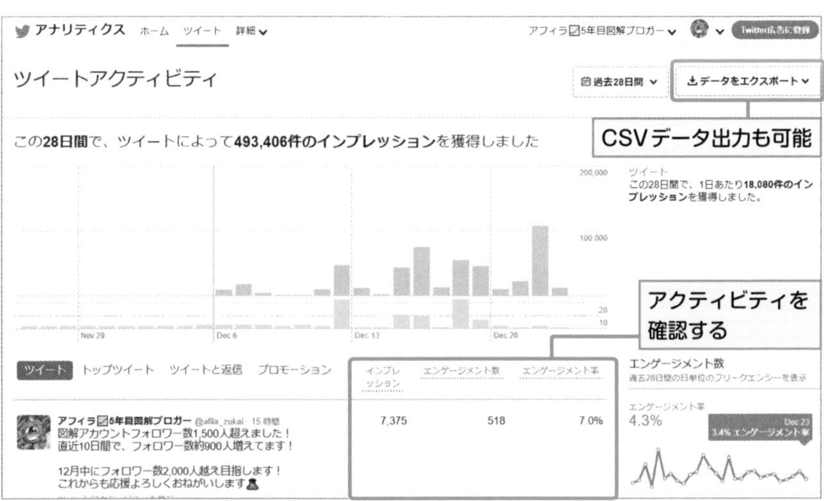

各ツイートのアクティビティを数値で確認できる。このデータを用いて、「プロフィールクリック数÷インプレッション数＝プロフィールクリック率」を算出し、自分のツイートの中でプロフィールクリック率が高いツイートの共通点を見つけていく

❶ フォロワー増加数は200が目安

1カ月目のTwitter運用では、フォロワー増加数200人を目指しましょう。最初にフォローしたメンバーを中心にフォロー返しをもらいながら輪を広げていけばOKです。

もし達成していない場合は、ツイート数・リプライ数などを増やし、認知獲得に力を入れましょう。

手順❶ Twitterにログインして、月の初めにフォロワー数をチェックする

手順❷ Twitterにログインして、月の終わりにフォロワー数をチェックする

手順③ **1カ月のフォロワー数の増加数を算出する**

例 2,034人－1,836人＝198人

1カ月目の運用で、200フォロワー以上の増加を目指します。

❷プロフィールアクセス率を計算してみよう

プロフィールアクセス率は、次の式で算出できます。

ⓘプロフィールアクセス率

プロフィールアクセス率（%）＝
アカウントのプロフィールアクセス数 ÷インプレッション数 ×100

Twitter運用初期はプロフィールアクセス率が高く算出されやすいので、**1カ月目は3%以上が目安**です。

2カ月目以降、**自分から積極的にフォローしない場合は1%以上が目安**になります。

手順❶ **PC版Twitterにログインして、ホーム画面の左側にある「もっと見る」をクリックして、「アナリティクス」をクリックする**

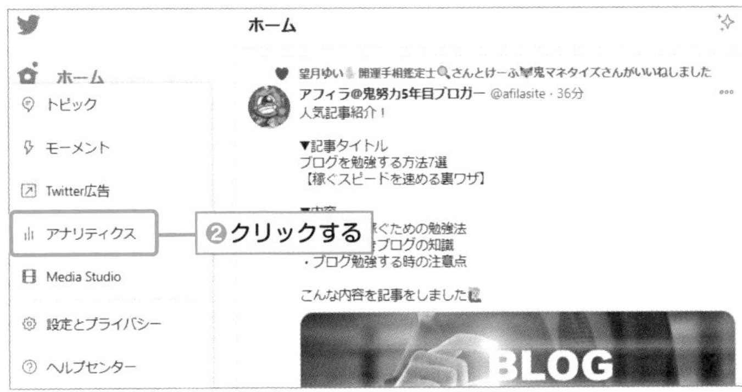

手順②「アナリティクス」をクリックして起動する

手順③ アナリティクスのホーム画面で、月間の「ツイートインプレッション」「プロフィールへのアクセス」を確認する。

手順④ **プロフィールアクセス率を算出する**

例 32,340 ÷ 491,425 × 100 ≒ 6.5%

1カ月目の運用では3%以上、2カ月目以降の運用では1%以上を目指します。

❸ フォロー率を計算してみよう

フォロー率は、次の式で算出できます。

フォロー率

フォロー率(%) =
フォロワー増加数 ÷ プロフィールアクセス数 × 100

こちらもTwitter運用初期はフォロー率が高く算出されやすいので、**1カ月目は3%以上が目安**です。2カ月目以降、**自分から積極的にフォローしない場合は1%以上が目安**になります。

※プロフィールアクセス率・フォロー率の目安はだいたい同じくらいです。

手順① **PC版Twitterにログインして、ホーム画面の左側にある「もっと見る」をクリックして、「アナリティクス」をクリックする**

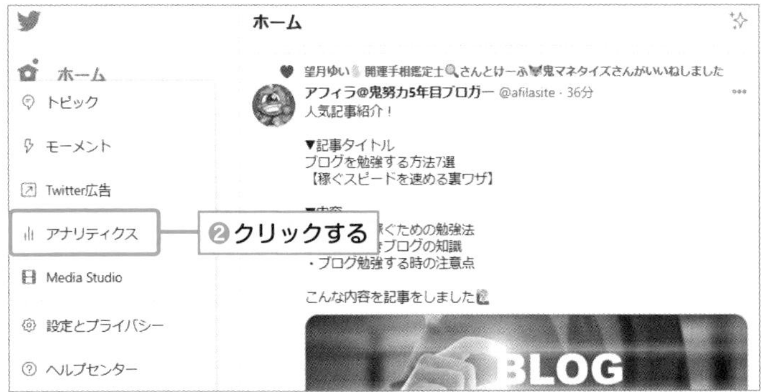

手順② 「アナリティクス」をクリックして起動する

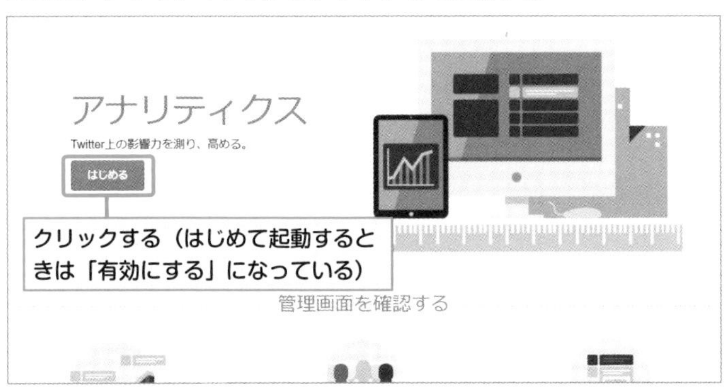

手順③ アナリティクスのホーム画面で、月間の「ツイートインプレッション」「新しいフォロワー」を確認する。

手順④ フォロー率を算出する

1,271 ÷ 32,340 × 100 ≒ 3.9%

1カ月目の運用では3%以上、2カ月目以降の運用では1%以上を目指します。

❹ プロフィールクリック率の高いツイートを発見

1カ月目に投稿したツイートのうち、プロフィールクリック率が高いツイートを分析しましょう。具体的な手順は次のとおりです。

手順① PC版Twitterにログインして、ホーム画面の左側にある「もっと見る」をクリックして、「アナリティクス」をクリックする

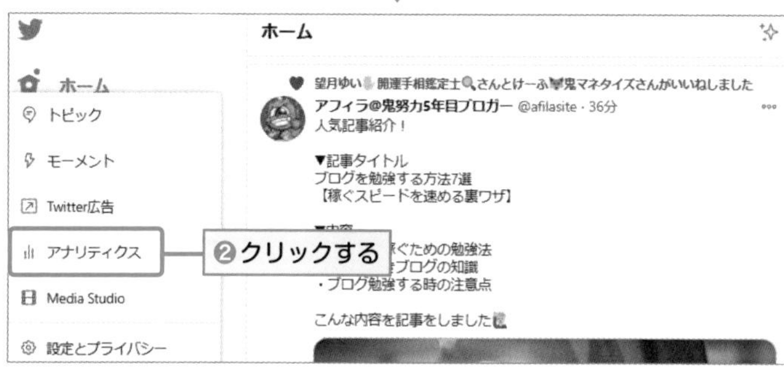

手順② 「アナリティクス」をクリックして起動する

手順③ 各ツイートの数値データをCSV形式で出力する
アナリティクス画面のツイートタブを開き、右上に表示される「データをエクスポート」をクリックすると出力できます。

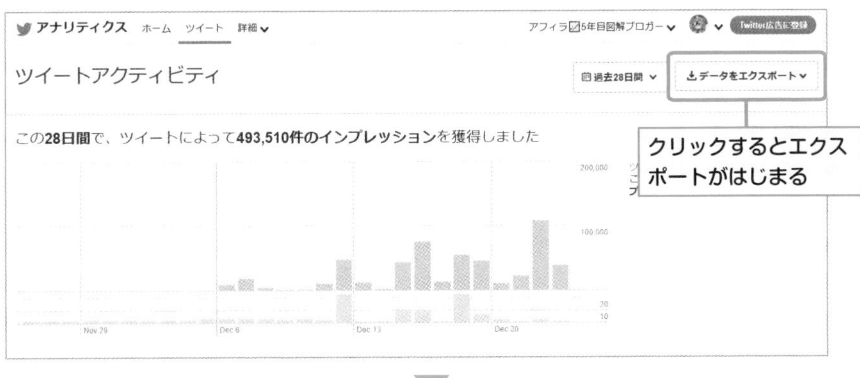

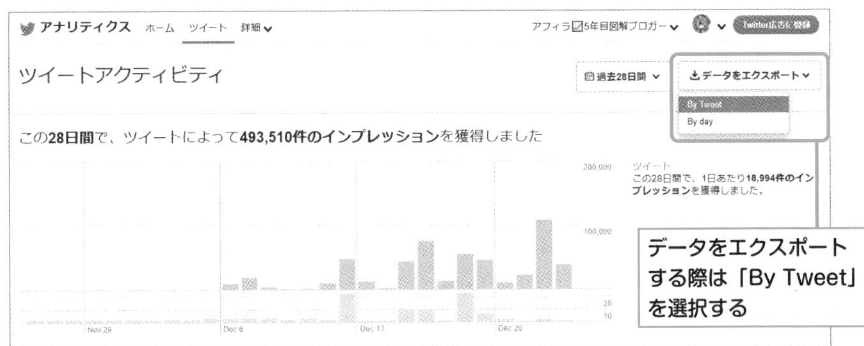

また、左側のプルタブで期間を変更することもできます。

クリックして期間を変更する

次のような名称のファイルが出力されます。

手順④ データ一覧表を作成する

手順⑤ フィルターを掛けて分析する

	A	B	C	D	E	F	G	H	I	J	K	L	
1	ツイートID	ツイートの	ツイート本文	時間	インプレッション	エンゲージメント	エンゲージメント率	リツイート	返信	いいね	ユーザープロフィールクリック	URLクリック数	ハッ
2	1.33877E+18	https://twi	「人を操る禁断の文章術」を図	2020-12-1	131730	17076	0.129628786	97	23	1231	1247	80	
3	1.34131E+18	https://twi	【忙しい人向け】「チーズはどこ	2020-12-2	119861	17120	0.142832114	191	37	1189	1270	70	
4	1.33986E+18	https://twi	【忙しい人向け】「君たちはどう	2020-12-1	89761	11692	0.130257016	79	22	785	1090	55	
5	1.33747E+18	https://twi	「朝活」を図解にしてみた結果	2020-12-1	71760	9297	0.129556856	81	37	678	538	75	
6	1.33575E+18	https://twi	【祝】フォロワーさん600人記念	2020-12-0	21206	1575	0.074271433	45	21	205	782	0	
7	1.34135E+18	https://twi	図解アカウントフォロワー数1,500人超えました！	2020-12-2	11099	688	0.061987566	1	13	145	389	0	
8	1.33538E+18	https://twi	図解コレクションを公開??	2020-12-0	11072	1153	0.104136561	7	5	110	108	7	
9	1.33989E+18	https://twi	@sai_zukai さいさん、めちゃくち	2020-12-1									
10	1.34024E+18	https://twi	フォロワー数1,300人超えました！図解アカウント爆伸び中	2020-12-1									

1番上の行にフィルターを設定し、「インプレッション」「エンゲージメント」などを降順でフィルターを掛ける

期間内で1番インプレッション、エンゲージメントが多いツイートがわかります。

08 1日5ツイートに毎日挑戦していこう

Point!!

- 2カ月目からは1日5ツイート
- 5ツイートの内容はバランスよく
- 毎日欠かさず継続することが重要

2カ月目からは1日5ツイートする

Twitter運用も2カ月目に入ったら、毎日「1日5ツイート」＋「おはようツイート」を次のようなスケジュールでツイートしていきます。

1日の投稿スケジュール

4-6時（早朝帯）：「おはようツイート」
6-8時（通勤・通学）：「ツイート①」
11-13時（昼休み）：「ツイート②」
17-19時（退勤）：「ツイート③」
19-21時（余暇時間Ⓐ）：「ツイート④」
20-22時（余暇時間Ⓑ）：「ツイート⑤」

時間帯はバラしたほうがトータルで効率よく伸ばせるので、ユーザーの集まる上記の時間帯にそれぞれツイートするようにします。

5ツイートが厳しい日は3ツイートでもいいですが、ツイートがまったくできない日はないようにしましょう。また、ツイートの質が下がるのも問題なので、1つひとつのツイートにこだわりをもって投稿するのがいいです。具体的なツイート作成法については、Chapter5で解説しています。

◎ おはようツイートの例

アフィラ@鬼努力5年目ブロガー @afilasite · 2月4日 ···
おはようジャパァーン！

24時間で最も集中しやすいのは「起床後の2〜3時間」と言われています。何故なら、ドーパミンとアドレナリンの分泌量が多いから！従って「集中力の高い時間」に人生で一番やりたい事をすれば、人生を変えるのはそんなに難しくは無い。朝活を頑張って行きましょ！

188 9 613

5ツイートはどんな内容のツイートをすればいいのか

ツイート内容は次の内容と割合でバランスよくツイートしていきます。

ツイート内容と割合

❶ 得意ジャンルの有益ツイート：毎日3個

アフィラ@鬼努力5年目ブロガー @afilasite · 4時間
甘えたら負け。最初から結果など出ないですよ。サラリーマン時代を思い返しても、入社して3ヶ月間は研修がある。実務に入った後は上司に怒られながら成長し、3年勤めてようやく1人前。ブログも同じ。最初の3ヶ月は研修で結果は出ない。そこから3年継続すれば、安定して稼げる実力が出てきますよ

❷ 得意ジャンルの共感ツイート：毎日1個

アフィラ@鬼努力5年目ブロガー @afilasite · 11時間
朝は前日の復讐をしよう！

覚えた内容の74%は次の日には忘れてしまいます。忘れては勿体無いので、朝一に前日学んだことの復習に当てる時間にしましょう。

5分でも構わないので、復讐の時間を作ればOK！そうすることで、成長スピードは何倍にも変わってきますよ？

❸ 自己紹介ツイート：7日に2個

アフィラ@鬼努力5年目ブロガー @afilasite · 12月15日
人生は本気でやれば変えられる。

23歳新卒で教員になって、ブログやる為に24歳で公務員に転職して、3年間結果出ない中でもブログを必死で書いてきた。そして27歳でフリーランスとして独立、今やTwitterフォロワー35,000名、場所も時間も自由に選べる、憧れていたブロガーになれた。夢を描こう！

④ コンテンツ宣伝ツイート：7日に2個

アフィラ@鬼努力5年目ブロガー @afilasite · 5時間

人気記事紹介！

▼記事タイトル
ブログ記事タイトルの具体例
195個一覧まとめ【パクってOKです】

▼内容
・記事タイトル例195個
・タイトルを付けるコツ10個
・クリック率をUPさせる魔法のワード

こんな内容を記事をしました

ブログ記事タイトルの具体例195個一覧まとめ【パクってOKです】｜...
ブログタイトルの具体例をたくさん知りたいですか？ 本記事では、ブログタイトルの具体例195個を紹介します。 記事タイトルの例を知って、...
afila0.com

⑤ 物語ツイート：7日に3個

アフィラ@鬼努力5年目ブロガー @afilasite · 12月15日

平凡な人生から一発逆転したい、と何年も願ってる人は多いけど、それは無理。現実的なラインを教えると、最初1カ月は鬼勉強して、そのあと3カ月でとにかく実践して、その後3カ月で改善して結果を残し、残りの5カ月でその成果を倍々にしていく。このちょうど1年で人生変わる術はいくつもありますよ？

ツイートの割合はあくまでも目安です。自分で配分を決めて、計画どおりツイートすればOKです。

このような大まかな比率を目安にしてツイートしていくと、バランスよく伸ばすTwitter運用ができます（ツイートの作成方法の詳細は、Chapter5参照）。

毎日5ツイートを継続することが重要

2カ月目は毎日5ツイートを継続することが大事です。よく見かける人のツイートのほうが親近感がわくことと、毎日Twitterを継続発信していること自体がストーリーとして価値があるからです。

たとえば、「毎日5ツイートを欠かさず1カ月継続します！」と宣言して1カ月やり切った場合、そのストーリー自体が多くの人に響くコンテンツとなります。**ツイートを毎日つくることが大変なのはみんな知っているので、そこをやり切ることでフォロワー数を増やすことができます。**

◎ 毎日5ツイート継続

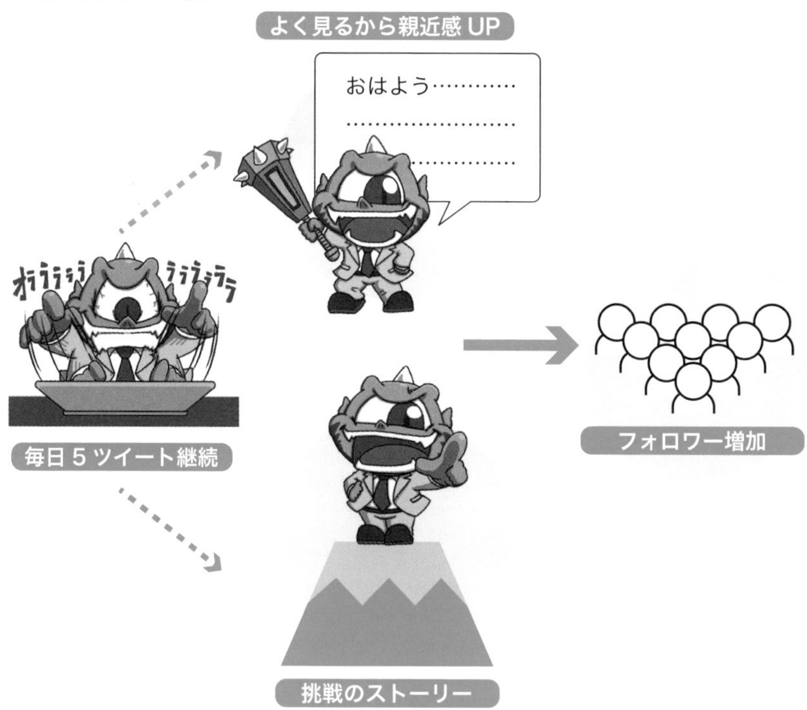

09 活動の幅を広げてTwitter運用していこう

Point!!

- 3カ月目からは活動の幅を広げる
- 仲間をつくってみんなで上を目指す
- 外部コンテンツを作成して連携する

3カ月目になったので活動の幅を広げていく

Twitter運用も3カ月目になりフォロワー数も少し増えてきたころ、今度は活動の幅を広げていきます。具体的には次の活動を新たに加えると伸ばしていけます。

❶ 一緒にTwitter運用する仲間をつくる
❷ Twitter上で企画を実施する
❸ 外部コンテンツを作成する

1～2カ月目はツイートする、リプライする、いいねするといった基本的なアクションだけでしたが、3カ月目以降は選択肢が広がります。今までコツコツと伸ばしてきたアカウントを、さらにブーストして伸ばすイメージですね。

1～2カ月目から活動の幅を広げてもOK

活動の幅を広げるのは1～2カ月目からでも可能です。ただし、やることが多くて混乱してしまいどっちつかずになってしまったり、フォロワー数が少ないと相手にしてもらいにくい部分もあるので、難易度は上がります。

一緒にTwitter運用する仲間をつくる

Twitter運用は１人で戦っていては相当不利になります。仲間がいて情報を共有したり、お互いのツイート・コンテンツを宣伝しあったりしたほうが、Twitterを伸ばすには有利です。

次なるステップは、**リプライのやり取りで仲よくなったTwitter友だちにDM（ダイレクトメッセージ）を送り、より深い関係性をつくっていく**ようにしましょう。

Twitter上で知りあった人との連絡手段

- ❶ 個別DM
- ❷ グループDM
- ❸ 外部コミュニティツール活用（Zoom、Slack、Discord、Chatworkなど）

◎ Twitterアカウントを伸ばすには仲間が大切

Twitter上で企画を実施する

Twitterで企画を実施すると、盛りあがれば拡散されるので、主催している自分の認知度がアップします。企画の実施はアイデア力が勝負ですし、参加人数によっては大変ですがやってみる価値は十分にあります。

主なTwitter企画一覧

- プレゼント企画：フォロワーが喜ぶプレゼントを用意

アフィラ@鬼努力5年目ブロガー @afilasite · 7月25日
【祝】フォロワーさん31,400人記念

アフィラが差別化図解をプレゼント！

▼内容 (※詳細参照)
・あなたのブログ記事にあった図解を作成⇒プレゼント

▼応募方法
このツイートにリプするのみ

▼当選
・抽選で1名様

▼応募期限
・7月26日(日曜日)18時00分

全力で作ります😆

- アドバイス企画：フォロワーの悩みに応える

アフィラ@鬼努力5年目ブロガー
@afilasite

【大感謝】30,000人5大キャンペーン④

ガチのTwitter運用
アドバイスやります！

▼内容 (※詳細参照)
・Twitter運用を10人一斉アドバイス60分

▼応募方法
・ここにリプするだけ
※RTは確率UP

▼応募期限
・6月29日(月)23時59分まで

▼当選
・10名様(内RT枠で5名)

よろしくです🙋

・フォロワー紹介企画：フォロワーを紹介して拡散

アフィラ@鬼努力5年目ブロガー
@afilasite

【お知らせ】

5月16日以降、4月までやっていた3人紹介をゲリラで復活させます！

フォロワーさんの中で、仲良くしていただいている方や、要注目の凄い方を中心に紹介！

時間と回数は私の気分ですが、20〜30人ほど紹介する予定です！

以上、よろしくお願いします😁

・リプ欄で交流企画：リプライ欄で交流の場を設ける

アフィラ@鬼努力5年目ブロガー
@afilasite

◆ アクティブフォロワー交流会

▼本日のテーマ
・一番嬉しかったプレゼント

▼リプの例
「一番嬉しかったプレゼントを書く」
「その他の自己紹介を書く」

▼参加方法
①リプ欄の「交流したい人」を見つける
②「リプ&いいね」で交流！

アクティブ勢同士で楽しく交流どうぞ！

午後8:01 · 2020年4月13日 · SocialDog for Twitter

企画を作成する際は参加者とWin-Winの関係になるよう設計すると、成功しやすくなります。

外部コンテンツを作成する（Chapter6-05も参照）

３カ月目になったら、Twitter以外のコンテンツをつくって、連携することで伸ばすことを考えていきます。多くの人がTwitterだけで戦っているなか、別の場所にある武器を持ってこられるのは、大きな差別化になります。独自性をどれだけ出せるかが鍵なので、この手法は非常に有効ですよ。

主な外部コンテンツ

- **Note**

(https://note.com/afila)
概要欄にTwitterのリンクを入れておくことで、noteを読んで興味を持ったユーザーがTwitterもチェックしてくれる

- **ブログ**

(https://afila0.com/)
ブログのメニューバーにTwitterのリンクを入れておくことで、ブログを読んで興味を持ったユーザーがTwitterもチェックしてくれる

外部コンテンツはいろいろありますが、主なところでは次のようになります。

ⓘTwitter以外の外部コンテンツから誘導する

❶note	❷ブログ	❸YouTube	❹Instagram
❺Facebook	❻Clubhouse	❼自分のサイト	etc.

これらの発信を取り入れることで、140文字のテキストという発信制限が解除されます。こういった外部コンテンツは、自分の発信を見てもらえる時間が大幅に増えるのでファンになってもらいやすく、読者登録や会員、フォロー率アップにも繋がるのが特徴です。

外部コンテンツを発信することで自分を知ってもらい、Twitterをフォローしてもらえる可能性も増えます。有効な外部コンテンツを築いて、Twitterを伸ばすのに役立てましょう。

具体的なnote×Twitter、ブログ×Twitterで相互に伸ばしていく方法はChapter6-05で解説しています。どのメディアをどうやって活用すればいいか迷った際は、そちらも併せて確認して見てください！

Chapter2 具体的な運用計画をつくろう！

10 自分のコンテンツを宣伝して集客しよう

Point!!

- 3カ月目後半からはコンテンツを宣伝する！
- 固定ツイート＆通常ツイートで宣伝する！
- 宣伝するときはストーリー形式で購買意欲を促進させる！

いよいよコンテンツを宣伝していこう！

Twitter運用3カ月目になったら、いよいよコンテンツを宣伝していきましょう。まず、宣伝できる場所は次の3個所です。

Twitterで宣伝できる3つの場所

❶プロフィール文　❷固定ツイート　❸通常ツイート

❶プロフィール文は160文字の制限があるものの、「読まれる＆クリックされる可能性」が高い宣伝場所です。❷固定ツイートは140文字の説明ができるうえに、リツイート・リプライ・いいねで拡散されるため、宣伝場所には1番適しています。❸通常ツイートでの宣伝は、瞬間の広告効果が高く、適度な頻度であれば何回も宣伝してOKです。

効果が高くなる宣伝のしかた

ここからは効果が高くなる宣伝のしかたを紹介します。何かコンテンツを宣伝する場合、いきなり宣伝すると敬遠されがちなので、次の5STEPを踏んで紹介していくのがお勧めです。

🛈宣伝ツイートのしかた

❶商品の存在を知らせる
❷商品の魅力を伝える
❸宣伝の予告をする
❹大々的に宣伝をする
❺感想などをリツイートして拡散する

◎ 宣伝ツイートのしかた

いきなり宣伝ツイートすると嫌われるので、ステップ別に告知していくのがお勧め

たとえば新商品のラーメンを宣伝したい場合、次のような宣伝ステップが考えられます。

🛈宣伝ツイートの具体例

❶「新商品のラーメンを作成しようと思います。続報も出していくのでお楽しみに！」
❷「今つくっているラーメンはお洒落がコンセプト！ 写真映えする見た目で、低カロリーなので女性にもお勧め！」
❸「新商品の○○ラーメンは、○月○日から販売決定！ お楽しみに！」
❹「新発売！○○ラーメン！１週間限定､トッピング無料キャンペーン中！」
❺「すでに食べていただいた方のうれしい感想がこちら！」

このような流れで、宣伝したいラーメンのストーリーをフォロワーに伝えていきます。

Twitterはリアルタイム性が特徴のSNSです。ただ発売日に「新商品発売しました」と出すのではなく、新商品販売までの流れを実況するように発信することで、購買意欲を促進することができます。

ただ宣伝するだけでは反応されないばかりか、フォロワー減少にも繋がってしまいます。そうではなく、フォロワーが喜ぶ形で巻き込み、ワクワクする形で商品・サービスを届けるように工夫をしましょう。

Chapter 3

さぁ、Twitterをはじめよう！

伸びるアカウントをつくる

Chapter3では、Twitterアカウントをはじめる際に知っておくべき基礎を解説します。アカウントの基礎が整っていないとツイートが伸びにくくなってしまうので、まずは土台をしっかりと整えていきましょう。

01 アカウントの方向性を決めよう

Point!!

- 自分の強みを探す
- 市場ニーズの調査を行う
- ライバルを調査する

自分の強みを探す

Twitterを伸ばし続けるなら、自分の強みを最大限に生かすべきです。なぜならTwitterは伸ばせば伸ばすほど、その分野の専門家と戦う必要が出てくるからです。**自分だけが持っている珍しい経験や肩書き、専門的な情報、得意なこと・強みを見つけるところからはじめましょう！**

自分の強みを見つける具体的な方法としては、「**ブレインダンプ**」がお勧めですね。ブレインダンプとは、自分の脳内にある知識・考えを吐き出すアイデア創出の手法です。

まず、A4の白紙3枚とタイマー（アプリでもOK）を用意してください。そして、タイマーを30分にセットし、A4用紙1枚ごとに下記のお題について、時間いっぱい使って書き出します。

自分の強みを探す3つの質問

❶ 自分の持っている珍しい経験・実績・肩書きは何か？
❷ 自分の持っている専門的な情報は何か？
❸ 自分が得意なことは何か？

この3つの質問に対する考えを合計90分で書き出します。タイマーが鳴ったら終わりですが、ワンテーマにつき100個書き出すのを目標にしてがんばってみてください。

ワークが完了したら、Twitterで扱いたいものに赤ペンで丸をつけて、それをアカウントの方向性として使います。

保存しておく

「ブレインダンプ」で書き出した自己分析は、プロフィール作成、ツイート作成時に使うので、必ず保存しておく

市場のニーズ調査を行う

Twitterのアカウントを伸ばしていくには、Twitter上のニーズ（需要）を調べておく必要があります。いくら自分の強みを生かし、他者と差別化できたとしても、発信するジャンルを必要としている人がいなければ当然フォロワー数は増えません。

大前提として、**「自分の発信ジャンルがTwitterで求められているのか？」**を確認する必要があるというわけですね。

では、Twitter上のニーズを調べる具体的な方法を2つ見ていきます。

Twitterニーズを調べる2つの方法

❶「Twitter検索」を活用する
❷ 市場トップのインフルエンサーを調査する

❶「Twitter検索」を活用する

ここでは「筋トレ」に関する発信をする前提で検索してみます。Twitter検索はアカウントがなくても使えます（https://twitter.com/explore）。

手順① Twitterの検索窓に「筋トレ」と入力する

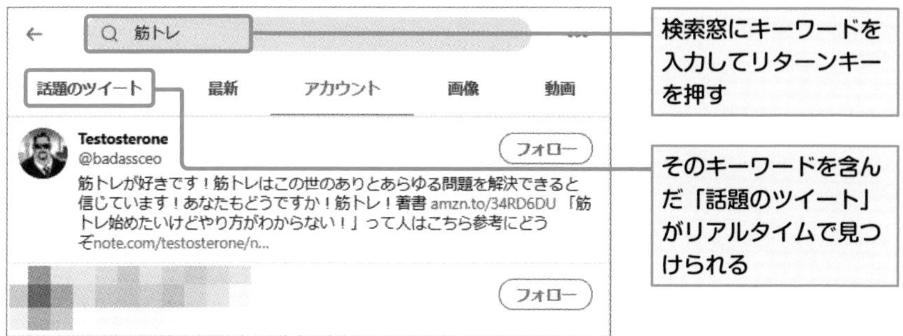

手順② 「最新」タブをクリックする

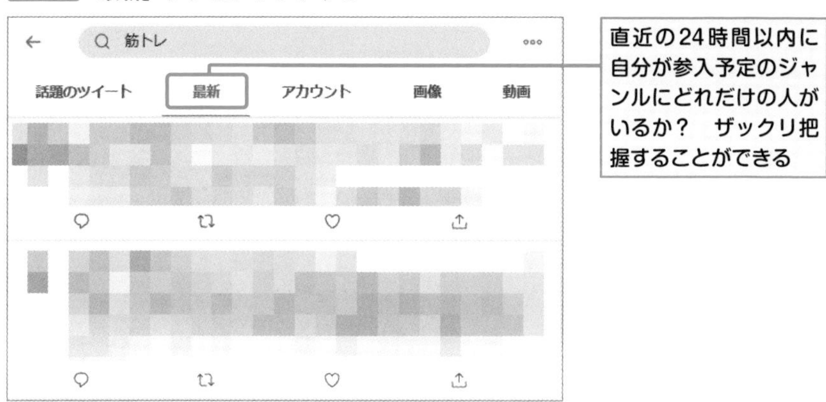

手順③ 「アカウント」タブをクリックする

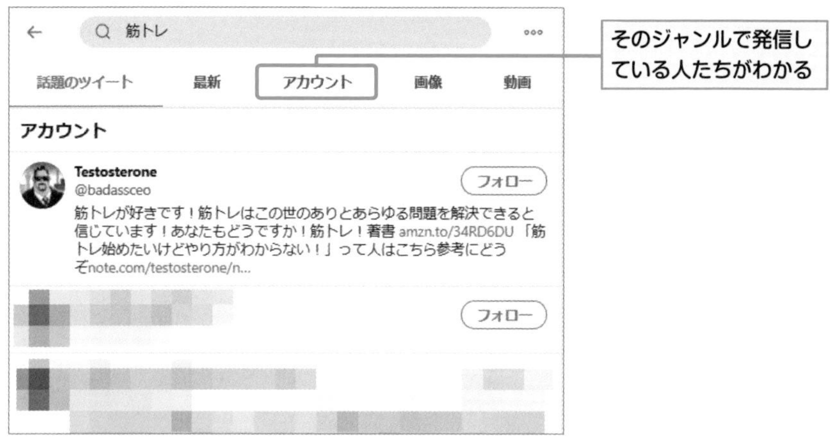

「最新」タブで24時間以内にツイートしている人がいないようなニッチすぎるジャンルの場合は、フォロワー数を増やすのが難しくなります。

「アカウント」タブの数が多いということは、ライバルが多いということですが、それだけニーズはあると判断できます。

❷ 市場トップのインフルエンサーを調査する

続いて、市場トップのインフルエンサーを調査します。あなたが発信しようとしている「筋トレ」というキーワード（ジャンル）で、Twitterで1番有名なのは誰なのか？　を調べるということです。

先ほどの 手順❸ の検索結果を見ると、Testosterone(@badassceo) さんがトップにいます。フォロワー数もすごい数です。

市場規模の目安

トップが100万規模は最大級の市場です。10万以上でも市場の大きさは十分。数万台が複数ならやや小さめ、1万超えがいない市場ならニッチまたは未開拓市場です。

Testosterone @badassceo · 2020年12月16日
我慢するのが大人って思ってない？そりゃ間違いだよ。我慢できない事があったら誠実に話し合うなり環境を変えるなりして我慢しなくてもいいような方法を探し出すのが大人だよ。我慢が美徳みたいな風潮あるけど、我慢なんてしないに越した事はない。我慢するな。我慢しなくてもいい生き方を探せ。

174　4,320　2.5万

リプライ、リツイート、引用ツイート、いいね、どれもすごい数になっている

リプライ欄にもアクティブなアカウントがたくさん存在しているので、このジャンルの市場規模はかなり大きいと推察できます。また筋トレジャンルだと、トップのフォロワー数が100万人超えのため、ジャンルでトップになればそれだけの影響力を獲得できるというわけです。

逆にジャンルトップのインフルエンサーが1万人ちょっとだとしたら、自分が後発ではじめてトップを獲ったとしても、影響力もそれくらいかなと推察できます。

もちろん、全員がトップを目指すわけではないですし、目指す必要もありませんが、ジャンルの最大値を知ることで、自分が参入した場合どれくらいを目標に目指したらいいのか、参考になります。

Twitterは市場が大きくないジャンルだと拡散が全然起きないので、市場が大きいところに参入してフォロワー数を増やしていくといいですよ！

ライバルを調査する

最後はライバルの分析をします。参入予定のジャンルにはすでに発信をしている先駆者がいて、**そのアカウントたちとの差別化が必要**です。なぜならTwitterを伸ばすうえで重要なのは、差別化された個性だからです。

Twitterは個性が大事

- ○○といえば△△さん
- ○○の情報は△△さんに聞けば安心
- ○○のアイコンは△△さん

上記のようにブランディングを確立するべく、**すでにジャンルにいるライバルの情報を事前リサーチしておく**必要があります。

地味ですが、これが失敗を避けるためにも最善の方法です。まずライバルのアカウントを分析し、実際に1個1個の項目をチェックしていきます。

具体的には競合調査する10人を選びます。ジャンルの規模にもよりますが、ザックリ次のとおりです。

競合調査する10人

❶ フォロワー数10,000人以上を3名ピックアップ
❷ フォロワー数3,000～10,000人を3名ピックアップ
❸ フォロワー数500～3,000人を4名ピックアップ

次に、この10人の競合調査の具体的なポイントです。これを一覧にしていくことで、既存のすごいアカウントと被らない部分でアカウントをつくることができるようになります。

はじめてから被っていることに気がついたのでは無駄が多いので、アカウントをつくる前に徹底的なリサーチをしましょう！

競合調査の具体的なポイント

❶ ブランディング軸　❷ アカウント名
❸ 肩書き　❹ アイコン
❺ テーマカラー　❻ ヘッダー
❼ 発信ジャンル　❽ 外部コンテンツ
❾ キャッチフレーズ　❿ キャッチアイテム／絵文字

実例として、私の図解アカウントを参照します。

❶ブランディング軸

ビジネス書を図解でわかりやすくツイートする

❷アカウント名

アフィラ

❸肩書き

ビジネス書図解

❹アイコン

❺テーマカラー

水色

❻ヘッダー

❼発信ジャンル

図解（ビジネス書全般）

❽外部コンテンツ

・Twitterアカウント：アフィラ＠鬼努力５年目ブロガー (@afilasite)
・無料note：誰でも超簡単！　情報発信レベルアップ！図解活用100のこと
・有料note：１から学べる図解作成の教科書テンプレ50個・動画講義付
・ブログ：作業ロケット (https://afila0.com/)

❾キャッチフレーズ

図解にしてみた結果とは…？

❿キャッチアイテム／絵文字

特になし

上記のように競合アカウント10個を調査し、それらと被らない❶から❿を自分で設定しましょう！　すると、最初から差別化した状態ではじめられますよ！

競合のリサーチは後発者の唯一といってもいいメリット

基本、何事も先駆者が有利ですが、後発者は先駆者が歩いた道が見えているので、そこからノウハウが得られます。

今からはじめる人は、競合のうまくいっている施策を徹底的に調べてからはじめると、最短最速で伸ばしていけますよ！

Chapter3 さぁ、Twitterをはじめよう！

02 発信する3ジャンルを決めよう

Point!!

- 発信するジャンルを３つに絞る
- 自分が専門性のあるものを選ぶ
- ３ジャンルをバランスよくツイート

発信する3ジャンルを決めよう

あなたが発信できるネタはたくさんあると思いますが、**Twitterでメインに発信するジャンルを３つに絞ります**。いろいろな発信が混ざると「何を発信するアカウント」なのかわからなくなるので、自分がメインで発信する３つのジャンルを決めましょう。

3ジャンルの決め方

では、どうやってジャンルを決めるのかというと、自分を含む、身の回りの知人10人をイメージしてください。そして、次の２つの質問に答えてください。

10人をイメージした質問

❶ **その10人の中で「自分が1位を獲れる得意なこと」は何ですか？**
❷ **その10人の中で「みんなに自分が教えられること」は何ですか？**

この質問で出てくる答えが、あなたが専門性を持っているジャンルです。Chapter3-01でやった自己分析とあわせて、自分が専門性を持っていて市場ニーズが大きいジャンルを選びましょう。

私の場合なら、次の3つが得意かつ教えられることです。

アフィラ（著者）の場合

- ブログノウハウ
- Twitterノウハウ
- 努力の方法／意識改革

最初は発信するジャンルを絞り込み、決めた3ジャンルのネタを毎日ツイートしていくようにします。

3ジャンルをバランスよくツイート

3ジャンルを決めたら、これを毎日ツイートしていきます。**どれかに偏ってしまうとネタが尽きるスピードも速くなりますし、フォロー解除に繋がる**場合があります。

なので、1日3ツイート以上する場合、3つのジャンルの投稿を毎日1ツイートはするよう意識しましょう。

ジャンルは一定にするのがコツ

アカウントの統一感が、フォローされるかどうかに大きく影響します。

「何を発信しているか？」をわかりわすくし、毎日そのジャンルのツイートをしていきましょう。3ジャンルもまったく関連がないものにすると、ごちゃごちゃになるので、関連性の高いものにします。

ジャンルを1つに絞るのもあり!?

もし、何か専門的に発信し続けられるジャンルがあるなら、それに特化したアカウントにするのもいいです。Twitterではジャンルは絞ったほうが集まるフォロワーの属性が統一され、ニーズを捉えやすくなります。もし、あなたが専門家になれそうなジャンルで、市場ニーズも大きいのであれば、1ジャンルで挑戦してみるといいでしょう。

Chapter3 さぁ、Twitterをはじめよう！

03 アカウント名はわかりやすく覚えやすいものに

Point!!

- アカウント名は呼びやすく独自性のあるものに
- 肩書は何者なのかわかるように
- ユーザーネームは短くローマ字で

アカウント名の用語解説

まず、アカウント名まわりの用語の定義を確認します。一般的にアカウント名というと、下図の❶＋❷を示しますが、便宜上3つに分割して見ていきます。ここでは何がどこを指しているのか覚えましょう。

◎ アカウント名まわりの用語

アカウント名のつけ方

アカウント名をつける際に意識したいのは次の3ポイントです。

アカウント名のつけ方

- **Ⓐ ひらがな・カタカナ3〜5文字**
- **Ⓑ 気軽に呼びやすい名前**
- **Ⓒ Twitter検索して被らない**

Twitterはコミュニケーションツールなので、たとえば私なら「アフィラさん」というように、**「〇〇さん」と呼びやすい（打ちやすい）もの**にしましょう。また、名前をつける際は「Twitterの検索窓に打ち込んでみる」⇒「アカウント」で、被らないものにしておくことも忘れないようにしましょう。まったくの被りなしは難しいかもしれませんが、あまりに多い名前だと別の人と勘違いされてしまうかもしれないので、NGだと思って再考しましょう。

私は名前の候補になりそうな物を30個くらい紙に書き出し、被っていない名前ということで「アフィラ」にしました。**被っていない名前にすることが最優先**です。

肩書きのつけ方

肩書きはTwitter上で示す職業のようなものなので、次のポイントを押さえるようにします。

肩書きのポイント

- **ブランディングを強化する**
- **何やっている人かアピールする（発信テーマを示す）**
- **名前＋肩書きで15文字程度にする**

実社会でもそうですが、人のステータスで大きな要素を占めるのは「職業」「年収」「学歴」です。Twitterでも類似したステータスを開示することで、ブランディングを獲得できます。より具体的にいうと、次のような要素が含まれているとてもいい肩書きになります。

肩書きに盛り込む要素

- **何をやっている人物か**
- **過去の実績、経歴**
- **現在の活動状況**

これらを盛り込めると、アカウント名を見ただけでどんな人かわかるので有効です。Chapter3-01で書き出した「自分は何が得意なのか？」を、肩書きに盛り込んでみましょう。

私の場合、ブログを5年やっているので「ブロガー」という単語は必須でした。現在もブログを書いているので、現在の活動もすぐわかります。ほかには、権威性を上げるために「5年目」という単語を入れました。5年以上ブログをやっている人はTwitter上で少ないので、ツイートの説得力がアップします。

また「鬼努力」というフレーズは、「ブランディング軸」が「努力」だったので、それを印象づけるために取り入れました。このような思考で肩書きをつくっていくと、納得できるものがつくれます。

ユーザーネーム（TwitterID）のつけ方

ユーザーネーム（TwitterID）をつける際は、次のポイントに注意します。

ユーザーネームのポイント

- **名前のローマ字表記**
- **短くしておく**

これはローマ字表記で短いほうが紹介しやすいのと、アカウントURLが短くわかりやすいので推奨しています。

たとえば、私のアカウント名は「アフィラ＠鬼努力5年目ブロガー」なので、アフィラをローマ字表記にして、ブログ運営者だったので「site」をつけました（ここは「blog」でもよかったと思います）。

なので、@afilasiteというIDです。あとから「_」を使うとわかりやすいと気づいたので、サブアカウントは@afila_zukaiとしました（参考までに）。

ローマ字にしておくと、次の画像のようにメンションツイートで、予測変換で出てくるようになるので、基本はローマ字ではじめるようにするといいですよ！

◎ **メンションツイートする際に出てくる**

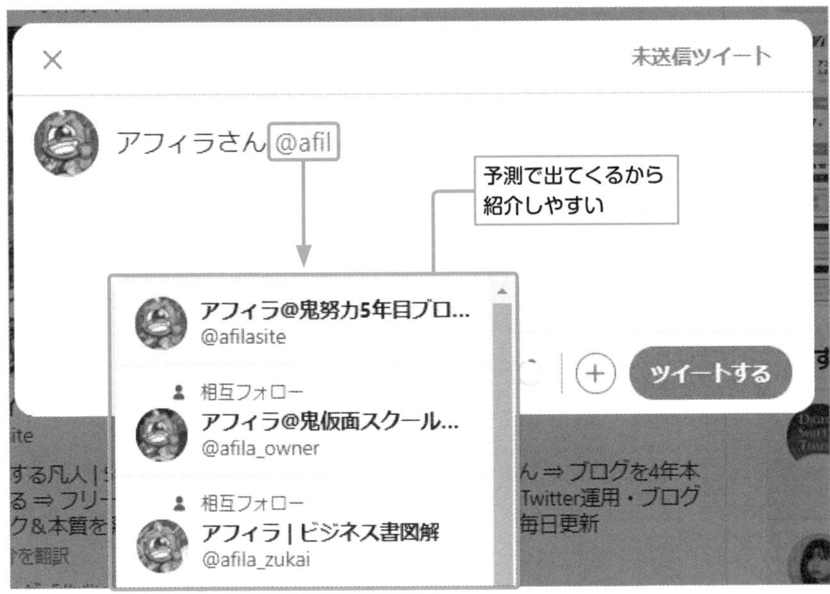

メンションツイートはフォロワー数が多くなるほど、よくされるようになります。メンションツイートは、IDを変えると今までのリンクがすべて切れてしまうので注意が必要です。

変更する予定があるなら、早めに変更しておきましょう。

逆にTwitterを半年、1年以上運用していて、各種メディアやサイトで自分のTwitterが紹介されている人は、IDを変更するとそれらがリンク切れになるので、変更しないほうがいいです。

04 魅力的なプロフィールを書こう

Point!!

- フォローメリットを入れる
- ブランド強化の実績を書く
- 人柄が伝わるように書く

フォローメリットを入れる

フォローメリットとは、あなたをフォローしたら「○○が知れる」「○○になります」「○○できます」といった内容が伝わるプロフィールです。具体例を挙げると次のようになります。

プロフィールに盛り込む要素

- ブログノウハウがわかる
- Webマーケティングがわかる
- 副業リーマンの稼ぎ方がわかる
- フリーランスの生き方がわかる
- ブログの更新情報が届く

あなたをフォローすると一体どんないいことがあるのか？　あなたをフォローしておかないとダメな理由は何か？　を伝えられるとフォロー率の向上に繋がります。

直接的な表現ではなく、プロフィール文を読んでそれが伝わるような書き方が、印象もよくフォローされやすいですね。

ブランド強化の実績を書く

ブランド強化の実績を書くとは、自分が軸にしているブランドを強化する実績をプロフィールに書くということ。普通に考えるとちょっとわかりにくいと思うので、具体例を見ていきましょう。

具体例❶（ブロガー）

- **ブログで月6桁収入がある**
- **ブログ歴3年**
- **ブログは月間5万PV**

具体例❷（Webライター）

- **文字単価2円～**
- **Webライター歴1年**
- **法人メディアでも執筆中**

このように、あなたの属性を「強化する実績」をプロフィールに盛り込むことで、普段のツイートに説得力が出てきます。**Twitterは「誰が言ったのか」の部分が最重要であるため、その信頼性を獲得していきましょう。**

人柄が伝わるように書く

あなたがどんな人物なのか簡潔に伝えるためには、「**これまでの経歴**」「**現在の職業（メインの活動）**」「**大事にしている価値観**」を書いていくことです。

過去、現在、未来を示すことで人物像が浮きあがってくるので、自分のストーリーを端的にわかりやすくプロフィール文に書いておきます。ストーリーがあることで人間は共感しやすくなり、納得感も出てきます。

プロフィール文をつくる際の想定質問7個

そうはいっても、いきなりプロフィール文を160文字埋めるのは難しいと思うので、答えるだけである程度のプロフィールができる質問を用意しました。

面接で聞かれたような心持ちで、次の7個の質問に回答して、A4の白紙に書き出してください。それを見ながらTwitterのプロフィールをつくるといい感じにまとまります。

ⓘプロフィール文をつくるための７つの質問

❶ あなたは何をしている人ですか？
❷ 過去にはどんな活動をしてきましたか？
❸ 現在はどんな活動をしていますか？
❹ どういう未来を描いていますか？
❺ Twitterではどんな活動をしていく予定ですか？
❻ Twitter以外で活動しているメディアはありますか？
❼ 最後に、コレだけは言いたいことは何ですか？

具体例として、筋トレ系アカウントをつくるとして解説します。

❶ あなたは何をしている人ですか？

フィットネスジムのオーナーです。

❷ 過去にはどんな活動をしてきましたか？

フィットネスジムに５年間勤務しています。100名以上の筋トレを指導してきました。

❸ 現在はどんな活動をしていますか？

フィットネスジムのオーナーに先月なりました。

❹ どういう未来を描いていますか？

筋トレ系のブログ、YouTubeチャンネル運営、書籍を出版し、筋トレで人生を変える人を増やしていきたい。

❺ Twitterではどんな活動をしていく予定ですか？

筋トレで理想の身体を手に入れ、前向きに生きる人を増やすための情報発信をしていく予定。

❻ Twitter以外で活動しているメディアはありますか？

YouTube、ブログ、note

※数値で示せる具体的な実績があれば記入する。例 チャンネル登録○万人、月間○万PVのブログ・note

❼ 最後に、コレだけは言いたいことは何ですか？

筋トレしたくなるツイートを毎日発信！

プロフィール文をつくる際の小技

プロフィール文を見やすくするために使える小技を紹介しておきます。私のプロフィールを見てみましょう。基本的に単語で区切り、フレーズは短くしています。使用している単語も中学生でもわかるようものばかりですね。また、“|”の前後に半角スペースを入れており、パッと見で読みやすい用に工夫しています。

これらのテクニックを活用すると読みやすくなります。ちょっとした工夫ですが、初見の人がスッと読めるプロフィールにしておきます。

◎ **プロフィール文を見やすくするための小技**

アフィラ@鬼努力5年目ブロガー

@afilasite

鬼努力する凡人 | 5年目ブロガー | 28歳 | 元公務員 ⇒ 人生つまらん ⇒ ブログを4年本気でやる ⇒ フリーランサー | 約300日で30,000フォロワー達成 | Twitter運用・ブログ論のテク＆本質を発信 | 凡人が努力で人生を変える物語 | ブログ毎日更新

単語で区切る、一文は短くする、絵文字は減らす、簡単な言葉を使う、|、「　」、【　】を使う、¦や⇒の前後に半角スペースを入れる

実績はたくさんあったほういい

就職面接のとき、自分のアピールをしない人は何者なのか伝わらないように、SNSも初対面なのでアピールしなければ伝わりません。

プロフィールで実績を公開し、自分がどんな物なのかPRするのが、フォロワーを増やすポイントになります。恥ずかしがらず、しっかりと書きましょう。

05 目立つアイコンを設定すると伸ばしやすい

Point!!

- **全体の色あいを意識したアイコンにする**
- **キャラクター性があるアイコンにする**
- **ほかの人と被っていないアイコンにする**

アイコン全体の色あい

まず**アイコンで大事なのは色**です。Twitterのアイコン表示はかなり小さいので、細かいところは見えません。だいたいどんな色なのか？　でイメージがつくことが多いです。

では具体的にどうしたらいいかというと、目立つアイコン色に関するポイントは次の3つです。

アイコンの色を決めるときの3つのポイント

1. **白に対して映える色を使う**
2. **キャラクターとの配色バランスを考える**
3. **ほかの人と被っていない**

❶ 白に対して映える色を使う

まずTwitterのデフォルト背景色は「白」なので、白に対して映える色を選択するのがいいですね。また、キャラクターや本人（写真やイラスト）の色と背景色の配色バランスが悪いと、見た目がひどくなるので注意しましょう。

配色は組みあわせなので、正解がありません。パッと思いつく人にはなんでもなくても、思いつかない人にはかなりハードルが高いものになってしまいます。よくわからない場合は、次のサイトを見てヒントにしましょう。

ℹ配色で悩んだときに見るサイト

- **配色の見本帳（https://ironodata.info/）**
- **COLOR SUPPLY（https://colorsupplyyy.com/）**

❷キャラクターとの配色バランスを考える

次に意識するのはキャラクター性です。キャラクターには、カッコいい系、可愛い系などいろいろありますが、発信内容とあわせることがポイントです。アイコンはTwitter上の顔になるため、ツイート内容がアイコンに左右されます。

自分の発信がどう届いてほしいのかを考えて、キャラクターや実写（写真）の映り方を練る必要があります（次頁参照）。

大きく分けると、「共感系アカウント」と「有益系アカウント」があり、それぞれ次のようなものがあっています。

◎ **アカウントの属性とキャラクター＋色あい**

共感系アカウント	笑顔やふんわりした雰囲気で、交流しやすいようなかわいい系のキャラクターや色あい
有益系アカウント	発信の権威性を出したいので、カッコいい系、お洒落な雰囲気系

❸ほかの人と被っていない

最後に、**大事なのはほかの人と被っていないこと**です。これはChapter3-01で競合を10アカウント調査していますが、それらのアカウントとは絶対に被ってはダメです。

なぜならTwitterではブランディングが最重要であり、「猫アイコンであれば○○さん」のようなブランディングが形成されているところへ後発で参入しても、ほぼ勝てないからです。**アイコンは自分が参入する市場にないイメージのもので、色も差別化できると優位になります。**

イラストと実写（写真）のメリット・デメリット比較

イラストのアイコンと実写（写真）のアイコンでは、どちらがいいのでしょうか？　その違いとそれぞれの特徴について見ていきます。

主なメリット・デメリットは次のような感じです。

◎ **イラストと実写比較**

イラスト	実写
◯ 印象をつくりやすい	◯ 信頼性が得やすい
◯ カラーを統一しやすい	◯ 人間味が出しやすい
◯ 高クオリティが出しやすい（外注）	◯ Twitter外で出会いやすい
✕ 詐欺業者に思われがち	◯ プロフィールのクリック数が高くなる
✕ 似たりよったりにならないよう、差別化が大事	◯ 案件依頼が来やすい（信頼性が高い）
✕ リアルの仕事に繋がりにくい	◯ 詐欺業者に思われない（商材屋はイラストアイコンが多い）

イラストアイコンはあなたの人物像に関わらずイメージをつくることができますが、**1番重要な信頼の面でやや弱い**ということです。とはいえ、副業で身バレ（身元がバレる）したくない人や自分以外のキャラになりたい人も多いので、そういう人はイラストを使って問題ありません。

一方、最近ではTwitterを通してリアルやZoomなどのオンラインで会うことも頻繁にあるので、実写に抵抗がない人も増えてきています。実写できれいな写真があるなら、それに越したことはないです。

どちらもメリット・デメリットがあるので、自分にあったほうを選択し、そちらのメリットを最大限生かす運用を心がけましょう。

ジャンルに寄らず、きれいな写真を撮れる場合は写真、顔出しNGなら**下手に顔を隠した実写にするよりはプロに依頼したイラスト**にしましょう。

特に会社や実店舗を経営されている人は、実写で顔がハッキリわかるアイコンにしたほうが、事業の信頼性も上がります。一方、ブロガーなどの個人で活動されている人は、ブログのイラストキャラクターをアイコンにしてキャッチーなものにするのもいいです。

06 インパクトあるヘッダーを用意しよう

Point!!

- ヘッダーサイズを把握する
- 0.5秒で伝わるデザイン
- 全体の色イメージを決める

ヘッダー作成時のサイズについて

まず、ヘッダー作成時は次の点に注意しましょう。

ⓘヘッダーのサイズと注意点

- サイズは1,500px × 500px
- 上下50pxは見切れる
- 左下はアイコンと被る

これをわかりやすく図にすると次のようになります。

◎ ヘッダー作成３つの注意点

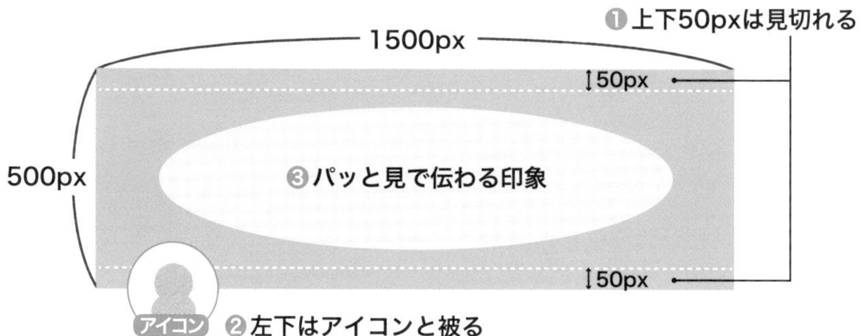

ヘッダーはスマホで見たとき、上下に見切れてしまう部分があるので、前頁の❸を参考にして真ん中にイラストなり文字を配置するのがベターです。

参考までに私のヘッダーはこちら。

私のアイコンは、**上下の切れる50px部分と左下のアイコン被り部分を避け、メインで目がいくところに文字（メッセージ）を配置しています。**ここのメッセージはブランディング軸にそろえたほうがいいので、私の場合は「努力の積み上げで人生を変える」を要約した形で入れています。

アカウント全体に一貫性があることが大事なので、「アイコン＝プロフィール文＝ヘッダー」と繋がりを意識します。

0.5秒で伝わるデザイン

読み手目線に立つと、アカウントへ飛んですぐに固定ツイートやその下のツイートを見にいくので、ヘッダーはほぼ見られません。

ということは、**パッと見できれいという印象を持たせたり、アカウント全体の雰囲気や色あいを印象づけることが大切です。**

ヘッダー作成のポイント

- **ラインを引く**
- **アイコンを入れる**
- **吹き出しを使ってみる**

ヘッダーはじっくり見られるものではないので、ちょっとしたプロ感、雰囲気よしなら簡単に差別化ができます。イラストや文字の間にラインを引いたり、アイコンイラストを入れたり、吹き出しを使ってみるといったちょっとした工夫があるだけで見た目がグッとよくなります。

◎ 0.5秒で伝わるヘッダー実例

まよまよ｜WEBコピーライター 10年目(@webcopyschool)

たつみん｜自動化のプロ(@shennronn_Drums)

ふみか｜中学生で書道師範(@fumika1111)

全体の色イメージを決める

ヘッダーはアカウントの中で1番大きな部分を占めるので、**ヘッダーのメインカラーがアカウントのカラーイメージを決めてしまう**ことになります。そのため、ヘッダーのメイン色は発信内容にあわせて、**アイコンと親和性のある色にします。**

色彩心理学によると、各色の持つイメージは次のとおりです。

黒	高級・悪	高級感や上品、お洒落といったプラスイメージも持ちつつ、不幸・絶望といったネガティブイメージを示す色でもあるので、使い方に注意
赤	情熱・激怒	やる気をみなぎらせるパワーのある色。気持ちを高めたり、鼓舞するのに向いているのでポジティブな発信、自己啓発と相性がいい
オレンジ（橙）	前向き・喜び	陽気、前向きなイメージがあるポジティブイメージの色。うれしい報告などにいいねがつきやすいTwitterでは使いやすい色
黄	希望・注目	明るいイメージの色で、黄色は注意の意味も持つので目が止まりやすい。希望を与える発信をしているなら相性がいい
緑	癒し・健康	目に最もやさしい色とされていて、攻撃されにくい色。ただし、暗い緑にすると不気味なネガティブイメージを持たれることがあるので、明るい緑にしたほうがいい。敵をつくらない平和な発信軸と相性がいい
青	知的・さわやか	誠実、冷静、知的などを現すビジネス発信に向いている色。Twitterの基本色が青ということもあり、使っている人は多い。ビジネス発信のアカウントで権威性を高めていきたい場合、青系統はいい
紫	優雅・神秘	神秘的、上品といったイメージがある色。Twitterではあまり見かけないが、権威性も示せるいい
桃	愛情・かわいい	かわいらしさを全面に出した女性に人気の色。共感系のツイートで、かわいらしさを武器にしていくなら相性がいい
白	誠実・虚無	誠実、信頼に繋がる色でクリーンな印象を与える色。実写アイコンの場合は、背景色を白にして誠実な印象にするといい

自分の発信内容にあわせた色にしておくと、全体の雰囲気が統一されていいですよ。

Chapter 4

Twitterの機能をフル活用しよう

Twitterの機能や用語を知って、効果的な使い方をマスターする

Chapter4では、Twitter運用で使える機能をお話しします。Twitterにはどんな機能があり、それはどういった場面で有効なのかを知識としてまずは頭に入れておきましょう。そして、実際に運用する際に必要な機能を活用しましょう！

01 どんどん「フォロー」していこう

Point!!

- フォローには3つの効果がある
- 有益な情報発信者をフォロー
- アクティブな人をフォロー

「フォロー」の意味と3つの効果

フォローとは、「**特定のアカウントをフォローする**」というアクションを指します。

◎ フォローしている状態

フォローの効果は大きく次の3つがあります。

フォローの3つの効果

❶ 相手のツイートが自分のタイムラインに流れる
❷ 相手からのフォローバックが期待できる
❸ 応援したい人にパワーを送る

❶ 相手のツイートが自分のタイムラインに流れる

フォローすると、タイムラインにそのユーザーの新規ツイートが表示されるようになります。自分が参考にしている人をフォローしておくと、その人からの情報が手に入ります。

また、Twitterで多くのファンを抱えている、通称インフルエンサーと呼ばれる人たちをフォローしておくことで、自分がツイートする際にインスピレーションを受けられます。

◎ フォローしているユーザーのツイートが流れてくる

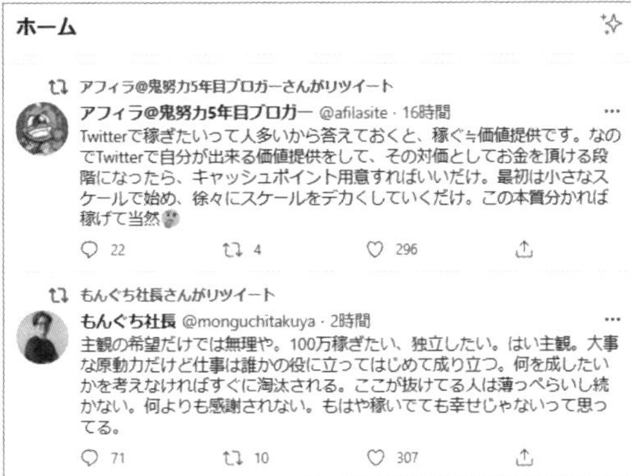

❷ 相手からのフォローバックが期待できる

自分からフォローすれば、相手からのフォローバックが期待できます。「**好意の返報性**」という、人から何かをしてもらったら、何かを返したくなるという心理法則が働くので、相互フォローになりやすいからですね。

Twitter運用ではアクティブな人と相互になることで、お互いのアカウントが伸びていきます。この人と一緒にTwitterをがんばっていきたいなという人がいれば、積極的にフォローしていきましょう。

◎ 相互フォロー状態の図

❸ 応援したい人にパワーを送る

自分がフォローすることで、相手にパワーを送ることができます。**単純に相手のフォロワー数が多くなれば、この人は多くの人から信頼を集めている人だと認識されます。**

また、各アカウントのプロフィール欄には、「○○さんがフォローしています」と表示されていて、自分がフォローしている人から信頼を集めているかどうかがわかります。

たとえばリアルでも、親友のAさんと仲がいいBさんのことは信頼できるし、友だちになれると思うはずです。Twitterではそれが機能として備わっているので、**自分がフォローすることで、相手の繋がりの輪を広げることができます。**

◎ 応援したい人をフォローする

02 「いいね」は複数まとめて押そう

Point!!

- いいねには３つの効果がある
- いいねを押すと相手に通知が飛んで認知される
- いいねを押してほしかったらまず自分からいいねを押す

「いいね」の意味と３つの効果

「いいね」とは、特定のツイートのハートマークを押すアクションを意味します。いいねの効果は大きく次の３つです。

いいねの３つの効果

❶ 単純に「内容がいいツイート」を伸ばす
❷ 相手の通知欄に載ることができる
❸ 応援したい人にパワーを送る

◎「いいね」はここを押す

あかね｜軽バン生活 @akane_vanlife · 1月28日
昨日でYouTube始めてようやく1ヶ月…！

世間のYouTuberがどれだけ大変で、作業量も異常だということを思い知らされました。尊敬します😱笑

最近はSNSだけでなく「軽バン生活」の名前で検索してくれる方も少しずつ出てきて嬉しく思います！

登録者数1000人と4000時間まで頑張ります！🙏

12　1　249

このハートを押す

❶ 単純に「内容がいいツイート」を伸ばす

多くの人からいいねを獲得したツイートは、Twitter上で拡散されていきます。タイムラインを見ていて「共感できるツイート」や「役立つ情報のツイート」があればいいねをすることで、自分のフォロワーやそのまわりの人に拡散することができます。

❷ 相手の通知欄に載ることができる

いいねを押すことで、相手の通知欄に載ることができます。つまり、相手に興味を持ってもらえるチャンスが生まれます。また、いいねの通知パターンには次の２種類があります。

ⓘ「単独いいね」と「複数いいね」

Ⓐ１個のツイートだけにいいねをつける「単独いいね」
Ⓑ２個以上のツイートにいいねをつける「複数いいね」

Ⓐの１個のツイートだけにいいねをつける「単独いいね」の場合、次のようにツイート単位で通知がまとまります。名前が出るのは１人、アイコンが表示されるのは数名です。

◎ **単独いいねだと目立たない**

みさきゆづき@経営10期突入しました！さんと他9人があなたのツイートをいいねしました

成果は必ず後から来る。

今、本業以上に稼いでいる人でも、書籍・教材を購入して、稼げなかった時期がある。こういう話をよく耳にする。

だが今は成功を掴んでいるので、最初に失敗してもさほど問題は無い。それより問題なのは失敗を恐れて、いつまでもその場にに立ち尽くしていることかと

アイコンが出るのは数名、名前が出るのは１人

一方、Ⓑの２個以上のツイートにいいねをつける「複数いいね」の場合、次のようにアカウントごとに通知が入ります。つまり、相手の通知欄でアイコン＆アカウント名でアピールしたい場合、複数のいいねをつけたほうがアピールできることになります。

◎ **複数いいねなら相手にアピールできる**

ベンジャミン@イギリスマニアなブロガーさんが14件のあなたのツイートをいいねしました

Twitter3カ月未満の人へ

今のプロフィールとか、Twitterアナリティクスデータとか、アイコンとか、ツイートとか、全部スクショで残しといた方がいいですよ。1年後にフォロワー10,000人とかになって、自分の体験語る時に、1年前はこうでしたって話す最高のネタになるから。全てコンテンツに出来る

すべて表示

あなたのアイコンと名前が表示される

❸ 応援したい人にパワーを送る

自分が応援したい人がいるなら、その人のツイートにいいねをすることでパワーを送ることができます。なぜなら、いいねが多いツイートやリプライは、「タイムラインで上位表示（〇〇さんがいいねしました)」「リプライの場合、上のほうに表示されやすい」となる仕様だからです。

また、相手から自分にいいねを返してもらいやすくもなるので、相手からパワーを送ってもらうこともできるかもしれません。

積極的に自分からいいねする

いいねは出し惜しみせず、たくさんしたほうがいいです。みんなTwitterをやっている以上、いいね数が気になるものです。なので、タイムライン上でいいツイートがあれば積極的にいいねでアクションしておくと、相手に喜ばれます。いいねがやる気に繋がり、発信活動をがんばる原動力になるので、ほかの人のツイートにいいねして応援するといいですよ…！

Chapter 4

03 「リツイート（RT）」で相手に好印象を与えよう

Point!!

- リツイートは2種類ある
- 通常リツイートは認知拡大に使える
- 情報のキュレーションには価値がある

「リツイート」の意味と2つの効果

リツイートの効果は大きく次の2つがあります。

リツイートの2つの効果

❶ 相手に好印象を与える＋通知欄に載る
❷ 有益な情報を集めることができるアピール

❶リツイートは相手に好印象を与える＋通知欄に載る

リツイートは次のように、相手の通知欄へ通知されます。いいねと比較してリツイートするユーザーはかなり少ないので、自分のツイートをリツイートしてくれる人は貴重な存在と誰しも感じます。

◎ **リツイートしたことが相手に通知される**

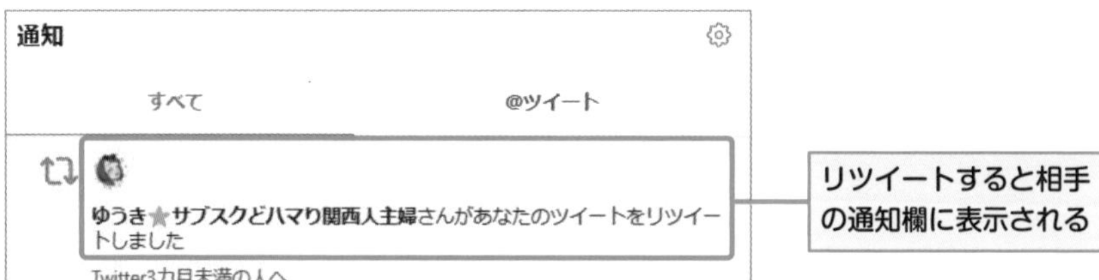

私のTwitterアカウントはフォロワー数が3万5,000名います。下図を見ると、私のツイートに対して472人がいいねを押していますが、リツイートをしているのは19名です。いいねをしている人を追うことはこの規模だと不可能ですが、リツイートをしてくれている人なら追うことが可能です。実際、私も確認しています。

フォロワー数がもっと少ない人のツイートなら、リツイートすることでほぼ確実にその人に認知されるハズです。いいと思ったツイートはリツイートすることで、相手との関係を深めることができます。

◎ **リツイートなら追うことができる**

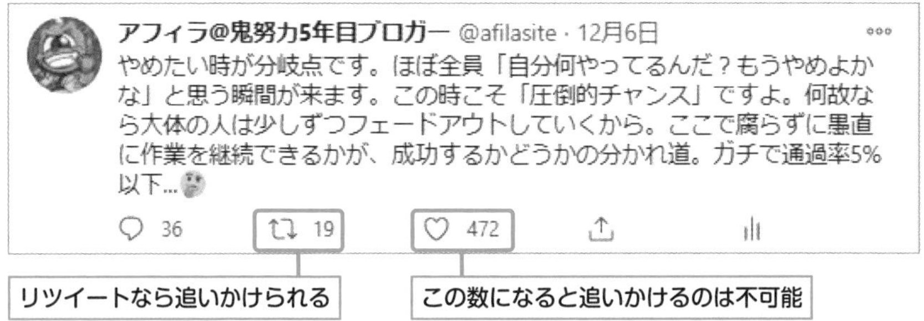

❷ 有益な情報を集めることができるアピール

リツイートのもうひとつの効果は、有益な情報を集めることができるのをアピールすることです。

たとえば、ブロガーの間で今日流れた有益なツイートをリツイートしていきます。すると**自分のアカウントのタイムライン（TL）を見るだけで、今日のブロガー向け有益ツイートのまとめを見ることができる**ようになります。有益ツイートを探す手間を減らせるので、フォロワーからしてみたら時間短縮になるので喜ばれますよね。

このキュレーション（ここではTwitter上の情報を集めてまとめること）は十分フォローするメリットになるので、このやり方でフォロワー数を増やしている人もいます。情報の整理が得意な人は、Twitter上から有益情報を集めて整理する役を担うのもいいですね。

リツイートのしかた

リツイートのしかたは次の手順になります（引用リツイートはChapter4-04参照）。

手順❶「リツイート」ボタンをクリックする

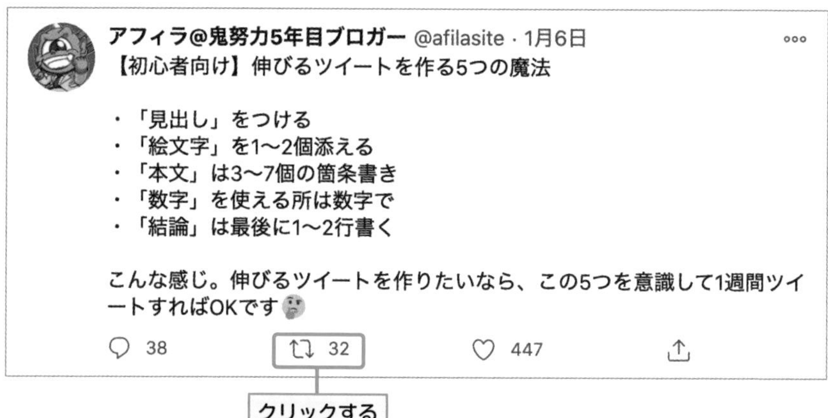

手順❷「リツイート」を選択すればリツイートされる

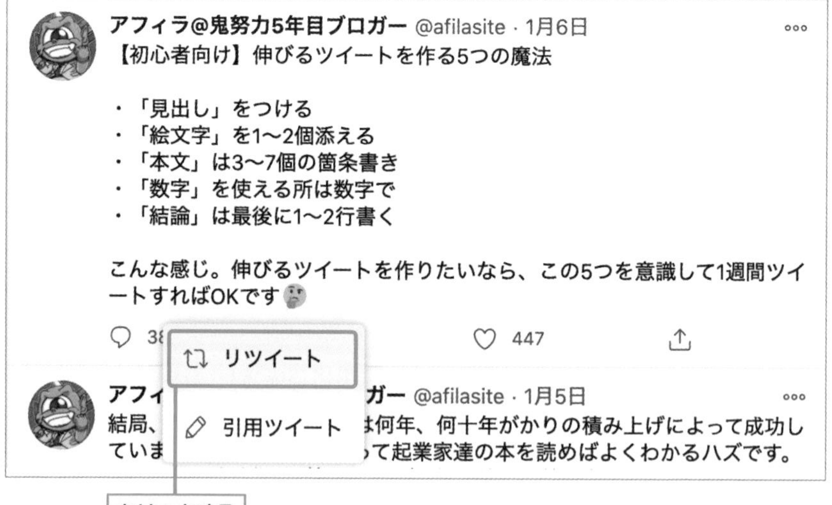

04 「引用リツイート」でツイート主からリツイートされよう

Point!!

・引用リツイートには3つのメリットがある
・ツイート主からのリツイートが1番大きいメリット
・ツイート主に喜ばれる引用リツイートをしよう

「引用リツイート」の意味と3つの効果

引用リツイート（コメントつきリツイート）とは、誰かのツイートに対してコメントをつけてリツイートすることです。

引用リツイートのメリットは次の3つです。

引用リツイートの3つのメリット

❶ コメントを上乗せし、自分のフォロワーに対しても発信できる
❷ ツイート主にリツイートされて拡散される可能性がある
❸ ツイート主の権威性を借りられる

まず、通常リツイートと違い、自分のコメントを上乗せできるので、自分のフォロワーに対しても発信ができます。

次にツイート主に自分の引用リツイートがリツイートされる可能性があり、**相手のフォロワー数次第では大規模な拡散が期待できます。**

最後にツイート主がすでに有名な人の場合、ツイート主の意見を借りてくることで自分のコメントに説得力を出すことができます。

引用リツイートで書くといい内容

ツイート主にリツイートされて拡散されることが引用リツイートの最大のメリットなので、元ツイート主の気持ちになって、喜ばれるような引用リツイートをするようにします。具体的には、次のような内容を書きましょう。

引用リツイートで書くといいこと

- 元ツイートの感想
- 元ツイートのすごいところ
- 元ツイートから受けた感動
- ツイート主があなたに言ってほしいこと
- ツイート主が言いたくても言えないこと
- 元ツイートの補足情報
- 元ツイートから学んだこと

ツイート主のフォロワー数が多い場合、通知が山ほど届いていて、そもそも引用リツイートに気づかれないというパターンがあります。その状況を抜け出すために、**相手の「TwitterID(@XXX)」をつけてコメントする**のがお勧めです。これで相手の「@通知欄」に届くようになるので、気づいてもらえる可能性がアップしますよ。

◎ いい引用ツイートの見本

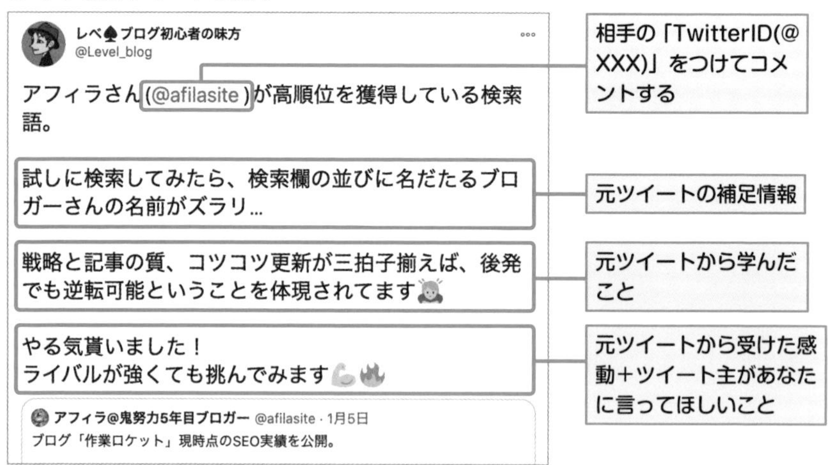

引用リツイートのしかた

引用リツイートのしかたは次の手順になります（一般的なリツイートはChapter4-03参照）。

手順①「リツイートボタン」をクリックする

手順②「引用リツイート」を選択する

手順③ 引用ツイートの画面になるのでコメントを追加してツイートする

上記の手順で引用ツイートのコメントつきのリツイートができます。

05 「シェアツイート」で相手のサイトを紹介しよう

Point!!

- 感想をシェアしてツイートしよう
- 相手に喜んでもらえる可能性大
- 相手にリツイートされる可能性大

「シェアツイート」の意味と3つの効果

シェアツイートとは、各サイトなどに設置してある「シェアボタン」を押して、そのページのURLをTwitterでシェアするツイートのことです（ボタンを押さなくてもURLをツイートに含めば機能します）。

シェアツイートのメリットは次の3つです。

シェアツイートの3つの効果

❶ 相手に好印象を与える＆通知欄に乗る
❷ 有益な情報を集めることができるアピール
❸ コメントを上乗せし、自分のフォロワーに対しても発信できる

リツイートと似たような感じですが、シェアツイートのほうが相手に喜ばれる可能性が高いです。その理由は、ブロガーだったら、ただツイートされるよりも記事をシェアされたほうがうれしいからです。本を書いている人なら、単に本を紹介されるよりも、本の感想をシェアしてもらったほうがうれしいからですね。

自分がつくったコンテンツに対してうれしい感想をもらったらリツイート（RT）して広めたくなるのが普通なので、相手にリツイートしてもらえる可能

性も高くなります。

このシェアツイートはタイムライン上であまり見かけませんが、相手に大きく喜んでもらえるうえに、自分のアカウントの認知も獲得できるWin-Winの手法であるのでかなりお勧めです！

下図のようなツイートがシェアツイートです（画像のツイートは、私のコンテンツの感想をフォロワーからシェアいただいたときのものです）

◎ **シェアツイート例**

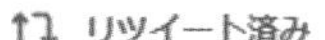

ゆる@月25万円副業ブロガー @yurublog24・12月3日

今年大きかったのはアフィラさん@afilasiteに出会えたこと。出会いがなければTwitterのイロハも分からなかったし、沢山の仲間と繋がることもできなかった

きっかけはこのnote。これがなければフォロワー3000人なんて絶対無理でした！
Twitter伸ばしたい人は絶対見てほしい

メンションがあると相手に通知が届く

【改定版】本気でTWITTER運用するなら
知っておきたい100のこと

・TWITTERでやってはいけないこと
・誰でもできるフォロワーさんの増やし方
・インフルエンサーの方への具体的な交流法

本気でTwitter運用するなら知っておきたい100のこと｜アフィラ@作業...
☑ コンテンツ内容 ・Twitterの基礎・基本100項目 ・初心者向けTwitter機能の使い方解説 ・インフルエンサーの方への具体的な交流方法 ...
note.com

2　1　58

ここに元のコンテンツが表示される

06 「リプライ」で交流していこう

Point!!

- リプライで交流すると親密度が上がる
- リプライは相手の＠通知に載るので認知されやすい
- タイムライン上でやり取りが表示される

「リプライ」の意味と3つの効果

「リプ」と略されることも多い「リプライ」について。**ツイートに対するコメント、返信**のことです。リプライは基本的にタイムライン上に表示されません。アルゴリズムで関連度が高いと判断された場合のみ、タイムライン上に表示されます。

リプライの3つのメリット

❶ 相手とやり取りして仲よくなれる
❷ 相手の＠ツイート通知欄に載る
❸ ツイートが伸びて視認率が高まる

❶ 相手とやり取りして仲よくなれる

リプライのやり取りが多くなればなるほど親密度が高いとTwitterに判断され、**お互いのタイムラインにツイートが表示されやすくなります。**つまり自分のツイートを多くの人に届けたいならば、多くの人とリプライを通して仲よくなることが大切です。

また、リプライで交流して仲よくなれば、一緒にTwitterをがんばる仲間ができます。仲間が増えれば増えるほど、自分のツイートに「いいね」「リプライ」「リツイート」をしてくれる人が増え、Twitter上の影響力が大きくなっていきます。

❷ 相手の@ツイート通知欄に載る

次のように、リプライは「@ツイート」の欄に表示されます。通知欄は「すべて（全体通知）」と「@ツイート」に分かれていますが、フォロワー数、フォロー数ともに増えてくると、全体通知のほうは数が多すぎてとても確認しきれません。

そこで「@ツイート」の欄だけを見て返信している人も多いので、リプライを送ることで相手からの認知を得るのが効果的ということになります。

◎ **通知欄の表示**

❸ ツイートが伸びて視認率が高まる

下図はタイムライン上での表示です。主ツイート＋「リプライ」の形で伸びるので、単独のツイートと比べると視認率が段違いです。リプライのやり取りで自分の認知を上げることができるため、**自分宛に届いたリプライは基本100%返信する**ようにします。

1日に100件以上届き、とても返せなくなるまでは、**届いたリプライに対する返信や、誰かのツイートにリプライするのは有効なTwitter運用**です。

◎ **タイムラインには主ツイート＋「リプライ」で表示される**

Chapter 4 Twitterの機能をフル活用しよう

07 メンションツイートの効果的な活用法

Point!!

- メンションは相手の@通知に載るので認知されやすい
- リプライと違い自分のフォロワー全体に拡散される
- フォロワー紹介などに活用される

「メンションツイート」の意味と3つの効果

メンションツイートとは、**「@XXX」を文中に置くツイートのことです。**

次のようなツイートがメンションツイートになります。メンションツイートはリプライと同様、「@通知欄」に届くので、「いいね」「リツイート」より認知されやすいです。

リプライもメンションツイートも相手に通知がいくのは同じですが、違いは、「自分のフォロワー全員」に公開されるかどうかです。**メンションツイートの場合は、自分のフォロワー全員に公開されるツイート**で、広く拡散されるという特徴があります。**自分のフォロワーに向けて、特定の人を紹介したい場合に使っていくといい**ですよ。

◎ **メンションツイートの例**

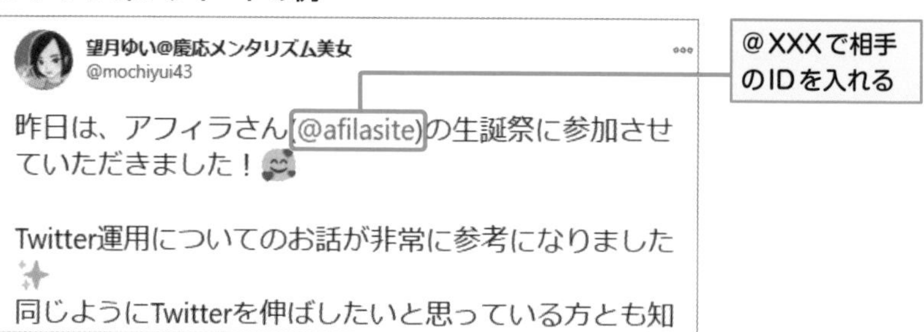

メンションツイートの効果的な使い方

では、メンションツイートの効果的な使い方を見ていきましょう。

メンションツイートはフォロワー紹介や特定の会話に誰かに入ってもらうときに呼び出すのに有効です。

メンションツイートの効果的な使い方3選

❶ フォロワー紹介　❷ 会話中に呼び出し
❸ 感想ツイートなどのメッセージ

❶ フォロワー紹介

次のような形で、誰かを紹介する際、その紹介された人のTwitterアカウントに飛べるようにメンションをつけます。**メンションをつけた相手にも通知され、こちらが紹介したことが相手に伝わります。** 紹介されればTwitterアカウントが拡散されるので、一般的に相手はうれしく思います。いいコンテンツを作成している人や、すごい人はメンションつきで紹介するようにしましょう。

◎ **フォロワー紹介の例**

メンションをつけてツイートすると相手にも通知される

アフィラ@鬼努力5年目ブロガー @afilasite · 2020年9月6日
よこりょーさん(@yokoryo_career)に、私のブログ「作業ロケット」を**紹介**頂きました、ありがとうございます

Conohaで簡単にブログを始める方法が書かれているので、興味あるかたはぜひぜひ。

スマホで始める副業ブログ｜初心者もConoHaWINGで30分【画像53枚】

❷ 会話中に呼び出し

次頁の図のようにリプライで特定の相手と会話している際、第三者を入れるメンションをつければ、会話が盛りあがります。

◎ 会話中に呼び出した例

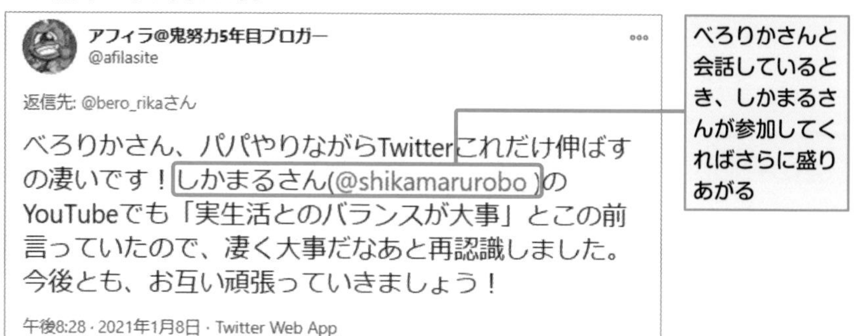

❸ 感想ツイートなどのメッセージ

Twitterにかぎらず何かのコンテンツを見た際、その記事やYouTube動画などがよかったら、作者をメンションつきで紹介しましょう。大抵の場合、作者からリツイートで返してもらえます。

◎ 感想ツイートなどのメッセージ

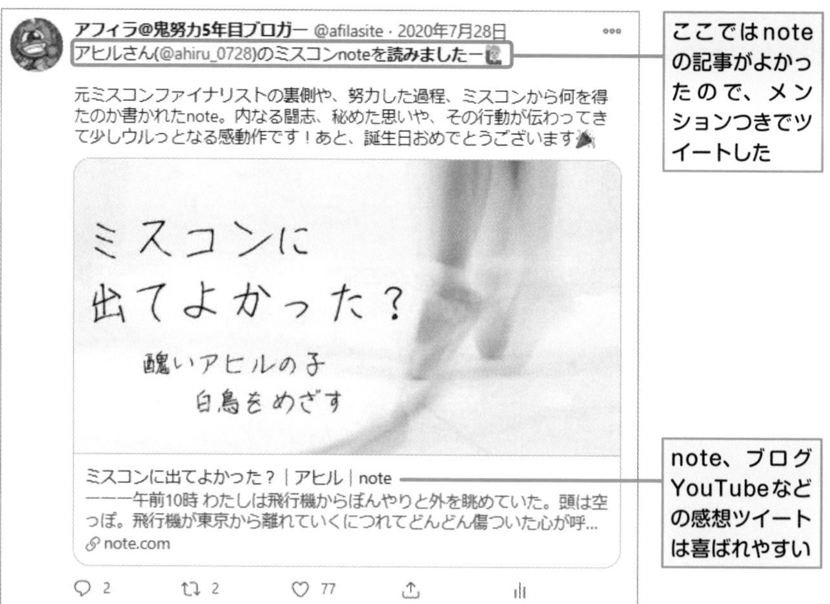

08 新規ツイート＋画像つきツイートのつぶやき方と注意点

Point!!

・ツイートは140文字いっぱいで作成したほうがいい
・ツイートはあとから修正できない
・ツイートは横が全角21～22文字

「新規ツイート」の意味と4つの意味

新規ツイートを作成して投稿するうえで、まずは次の4つのポイントを覚えてください。特に、ツイートはあとから変更することができないので、誤字・脱字がないように注意して作成する必要があります。

ツイート作成の4つのポイント

❶ 1ツイートは140文字以内	❷ 空白行は1行のみ有効
❸ あとから修正ができない	❹ ツイートのサイズ

実際のツイート（タイムライン上・スマホ・デフォルト）を見ると、次頁のようになります。

Twitterで伸びるツイートをつくるなら、改行の目安は全角20文字です。なぜなら、スマホユーザーが多いので見やすさを重視する必要があるからですね。

ツイートをつくる際は、15～30字の文章は20字以内に圧縮して見やすく投稿するか、2行に分けるようにします。

◎ ツイートのサイズ

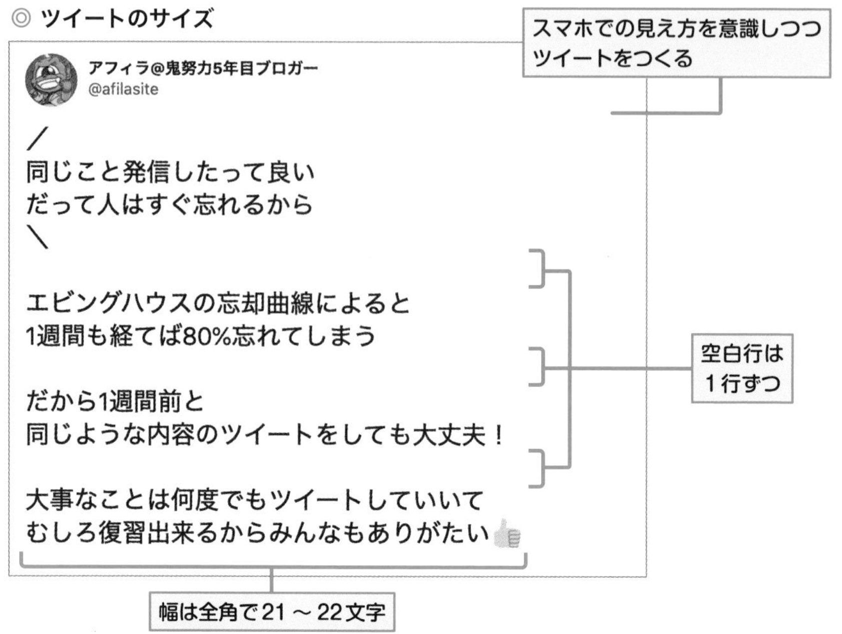

ツイートするネタの探し方は？

ツイートするネタはどんな方法で探せばいいのでしょうか？
私が実践している方法は次の５つです。

ツイート作成の５つのポイント

❶ 自分の強みを生かす
❷ 他コンテンツを流用する
❸ 自分の過去ツイートを修正して再投稿
❹ メモ帳からネタを出す
❺ 本・ビジネス系YouTubeから影響を受ける

最初のころはツイートのネタに困るかもしれませんが、１カ月毎日３ツイートをつくるように努力していくと段々と慣れてきます。また、過去のツイートネタで反応がよかったものを修正して再投稿するのもお勧めです。

「画像つきツイート」のしかた

画像をつけてツイートするとタイムラインで目立ちます。画像つきツイートの投稿のしかたを見ていきましょう。

手順①「ツイートする」をクリックする

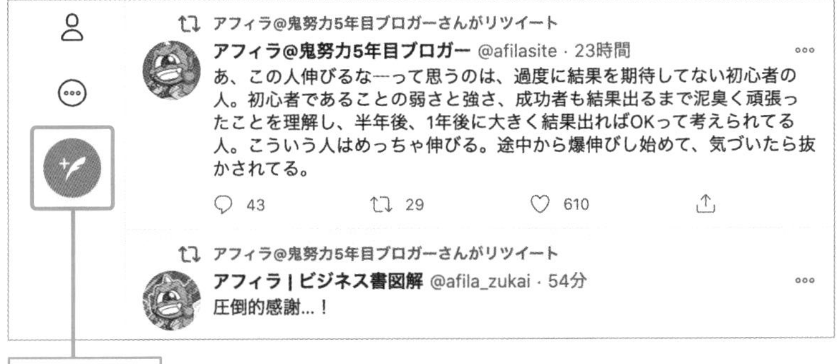

クリックする

手順②「ピクチャーマーク」をクリックして画像を添付する

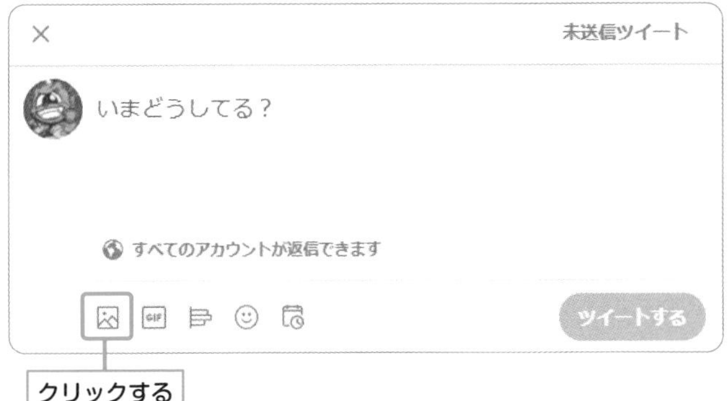

クリックする

ツイートのしかたは
たくさんあるので
特性を理解して使い分けよう！

Chapter 4

手順③「ツイートする」をクリックする

このように、140文字＋画像でツイートを作成できます。

ちなみに画像は最大で4枚まで投稿可能です。マンガなどでツイートをしている人もいますよ！

09 ハッシュタグの効果的な活用法

Point!!

- ハッシュタグとは「#〇〇」のこと
- ハッシュタグの有効な活用法は4つ
- フォロワー数1,000名まではタグをつけたほうがいい

「ハッシュタグ」の意味と3つの効果

「#副業」「#ブログ」のように、「#〇〇」でタグづけをすることができます。これがハッシュタグです。

次のツイートではタグ数が多いですが、**ハッシュタグをつけると多くの人に見てもらうことができます。ハッシュタグはリンクになっていて、そのタグがついたツイートを一覧で確認することが可能**です。

フォロワー数1,000名までは自分自身の拡散力が弱いので、ハッシュタグを活用してインプレッションを獲得するようにするといいです。

◎ **ハッシュタグの例**

ハッシュタグの有効な活用法

ハッシュタグの活用法は次の４つです。

ハッシュタグの活用案４個

❶ 同じタグをツイートしている人と繋がる
❷ トレンドタグに乗っかってツイートを拡散できる
❸ ツイート内容の要約ができる
❹ オリジナルタグで投稿管理ができる

❶「#ブログ」「#アフィリエイト」のようにボリュームのあるハッシュタグをつけることで、タグで検索している人にもツイートを見てもらえたり、繋がったりできます。

またその応用で、❷「おすすめトレンド」に出てくるハッシュタグ（現在のTwitter人気タグ）をつけたツイートをすることで、フォロワー数が少ない段階から多くのインプレッションを獲得できます。

❸ハッシュタグには「#ブログ書くか迷っている」というように、インプレッションの獲得が目的ではなく「そのツイートの内容を要約して示すことが目的」といった使い方もできます。これはTwitterの文化のようなものですね。これがうまい人はセンスあるなと思います。

❹オリジナルタグで「#アフィラメモ」のようにつくってツイートしていけば、そのタグで投稿したツイートを一覧で管理できます。

Tips　ハッシュタグで繋がりたい人と繋がれる

ハッシュタグは「同属性ユーザー」と繋がれるのが最大のポイントです。
たとえば「#ブロガーさんと繋がりたい」であれば、ブロガーだとわかりますよね。
Twitter上にあるアカウントからブロガーを探すのは大変ですが、タグを追うことで自分がフォローしたい人を見つけられます。ぜひ、活用してみてください。

10 リストの効果的な活用法

Point!!

- **自分専用のタイムラインがつくれる**
- **リストには公開／非公開がある**
- **接点のあるフォロワーを管理する**

「リスト」の意味と2つの役割

リストの役割は次の2つです。

リスト機能の2つの役割

❶ **自分専用のタイムライン**
❷ **接点のあるフォロワーのリスト保存**

私のリストを一部見せると、次のとおりです。普段の絡みやツイートを見て、この人すごいなと思ったら「今後伸びる注目のフォロワーさん」に保存しています。

また打算的ですが、自分が接点を持っているインフルエンサーの人たちはリストに保存しておき、どんな活動をしているか確認しています。自分のジャンルに近いツイートがあれば交流することで、Twitter上での

◎ **アフィラのリストの一部**

輪を広げるチャンスにもなります。

なお、リストは非公開で作成ができるので、基本は非公開で作成してOKです。公開にした場合は、ほかのフォロワーも見ることができるうえに、相手に「〇〇さんがあなたを△△のリストに追加しました」と通知が入ります。

リストは次の手順で作成します。

手順❶ 左側にある「リスト」をクリックする。

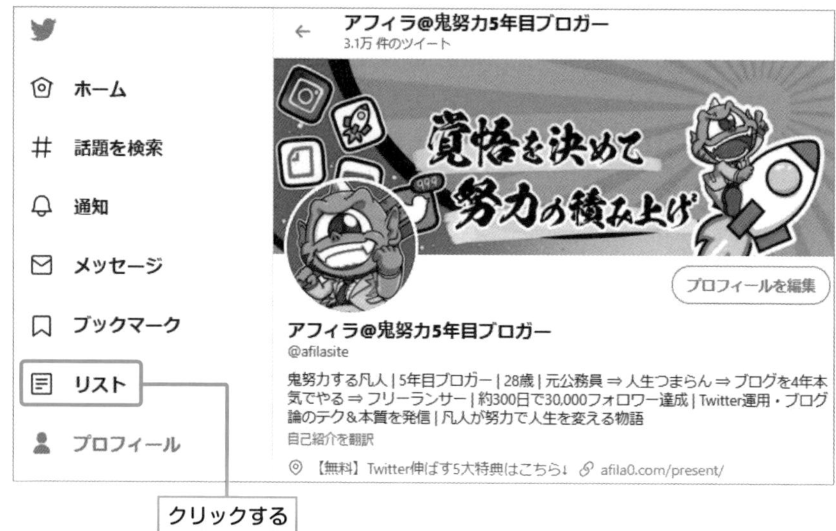

手順❷ 右上の のアイコンをクリックする。

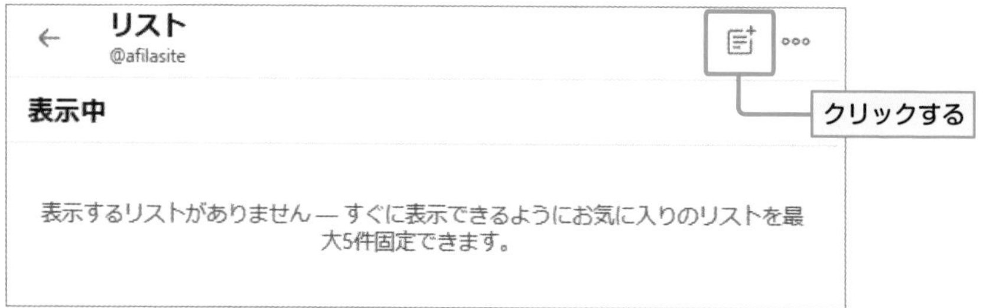

手順③「新しいリストを作成」でリストの名前と詳細を入力する。

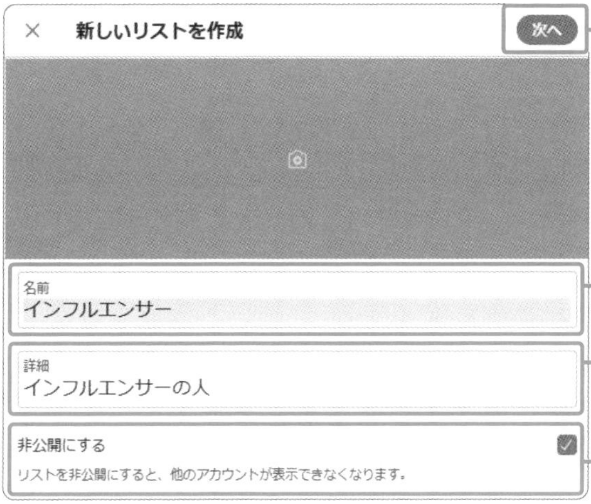
新しいリストを作成
次へ
名前
インフルエンサー
詳細
インフルエンサーの人
非公開にする
リストを非公開にすると、他のアカウントが表示できなくなります。

④クリックする

❶リストの名前を入力する

❷リストの詳細を入力する

❸「非公開にする」にチェックを入れておくと、自分だけのリストを作成することができる。逆にここにチェックを入れなければ、リストのメンバーに追加したことが通知されるので要注意

手順④「リストに追加する」でメンバーを追加する。

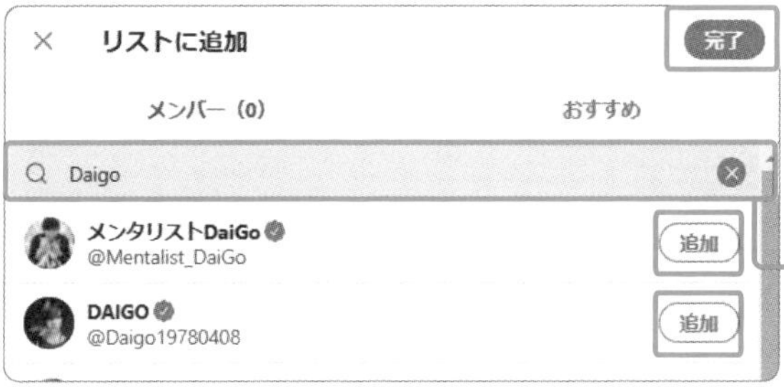
リストに追加
完了
メンバー（0）
おすすめ
Daigo
メンタリストDaiGo
@Mentalist_DaiGo
追加
DAIGO
@Daigo19780408
追加

追加したい相手のアカウント名を指名検索する方法が簡単。追加ボタンでメンバーを追加していき、メンバーが固まったら、右上の「完了」をクリックする

手順⑤ 完成したリストが「非公開」になっているか確認する

インフルエンサー
@afilasite
インフルエンサー
インフルエンサーの人
アフィラ@鬼努力5年目ブロガー @afilasite
1 人のメンバー 0 フォロワー
リストを編集

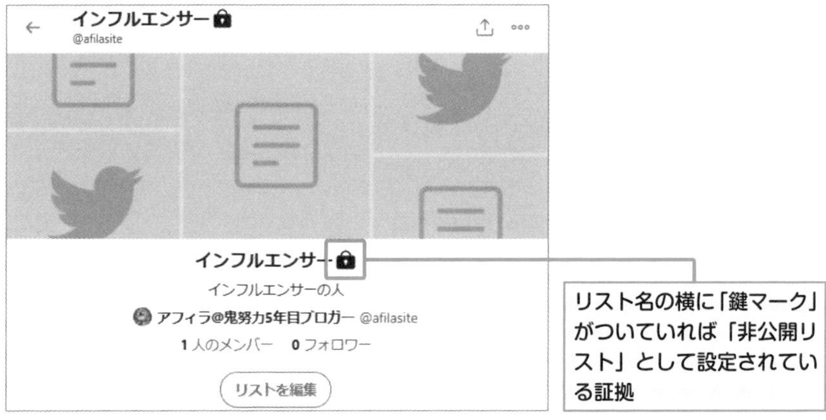

リスト名の横に「鍵マーク」がついていれば「非公開リスト」として設定されている証拠

11 タイムライン（TL）には何が表示される？

Point!!

- タイムラインは２種類ある
- タイムラインに表示されるのは６種類
- ホームタイムラインで上位表示できるかが大事

タイムラインには２種類ある

Twitterのタイムラインには次の２種類があります。

タイムラインは２種類

❶ホームタイムライン　❷アカウントタイムライン

❶ホームタイムライン

ホームタイムラインとは、リアルタイムのツイートや人気投稿がメインで表示されるところです。**Twitterを開いたときに最初に表示されるので、１番よく見る**ことになります。

◎ ホームタイムラインの例

ホーム

ふじじ動画編集 | 東大卒 | NewYork在住 @FujijiBlog・17分
はじめて単価1万円案件を取った時のお話

ランサーズ案件。その企業のサイト，社長のTwitterを熟読してマネタイズポイントまでの導線を考え「編集を工夫して売上に貢献できます」とアピール。その企業のためだけのサンプル動画も作成。自分の属性（高学歴）に合った案件。

当然選ばれますね

Twitterを開いたときに表示される画面

❷ アカウントタイムライン

アカウントタイムラインとは、各ユーザー（アカウント）の最新ツイートが表示されるところです。ホームタイムラインと違うのは、その**ユーザーが投稿したツイートとリツイートしたツイートだけを一覧で見る**ことができます。

◎ **アカウントタイムライン**

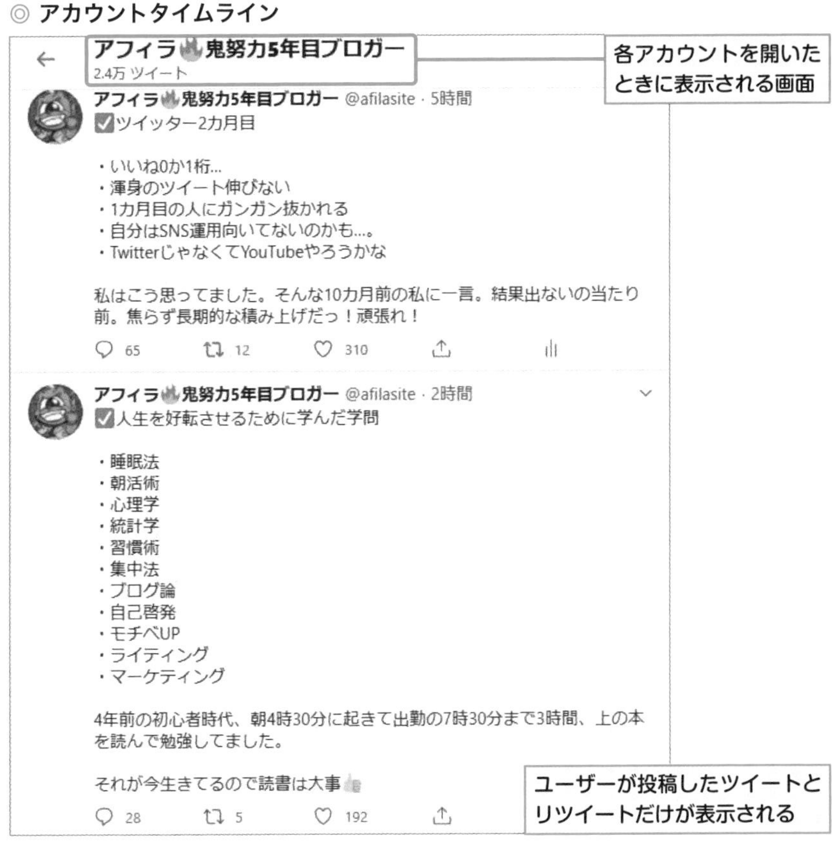

タイムラインに表示されるツイートは６種類

タイムラインには次の６種類のツイートが表示されます。自分のツイートが多くの人のタイムラインに載るようにすれば、アカウントが広く知れ渡り、フォロワー数が増えていきます。

❶いいねが多いツイート

いいねが多いツイートは、タイムライン上に表示されやすいです。**「いいねが多い≒内容がいいツイート」**なので、当然といえば当然ですね。さらにいうと、**自分がフォローしている人がいいねを押している場合、表示されやすくなります。**

◎ **いいねが多いツイート例**

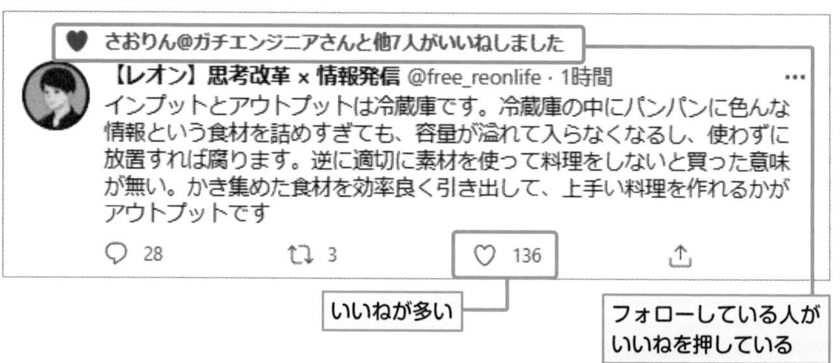

❷フォローしている人がリツイートしたツイート

自分がフォロしている人がリツイートしたツイートが表示されます。ということは、自分のツイートを多くの人に見てもらいたい場合、リツイートしてもらえるようないい内容のツイートをするといいということです。

◎ **フォローしている人がRTしたツイート例**

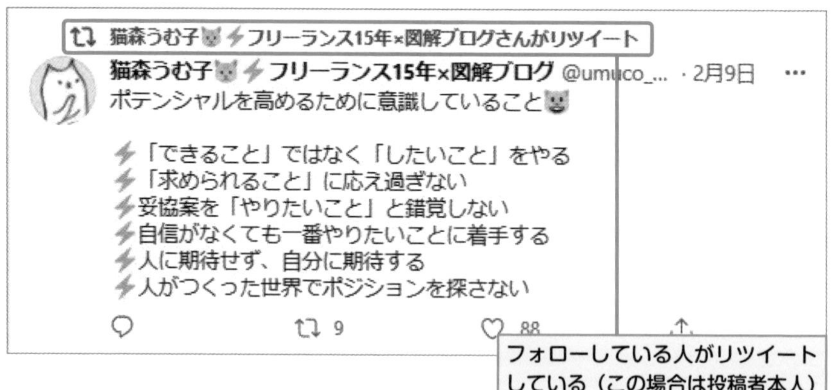

❸ プロモツイート

プロモツイートとは、Twitter広告によるツイートのことです。広告主がTwitter社へお金を支払う対価として、Twitter利用者に対して広告が表示されます。プロモツイートには「プロモーション」というラベルがつきます。

◎ プロモツイート例

❹ お勧めツイート

Twitterの独自のアルゴリズムにより、自分に対してお勧めのツイートが表示されます（フォロー外も）。自分がフォローしているユーザーの属性などから推察して、表示されていると考えられています。

Chapter 4

◎ お勧めツイート例

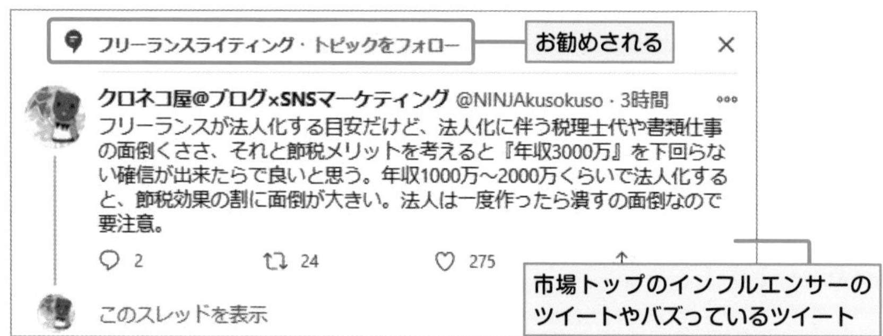

❺ 人気や関連性の高いコンテンツ

人気や関連性の高いコンテンツとして、フォロワーとのリプライのやり取りが表示されます。リプライと一緒に元ツイートも表示されるので、**リプライが多いツイートはタイムラインで何度も表示される**ようになります。

◎ 人気や関連性の高いツイート例

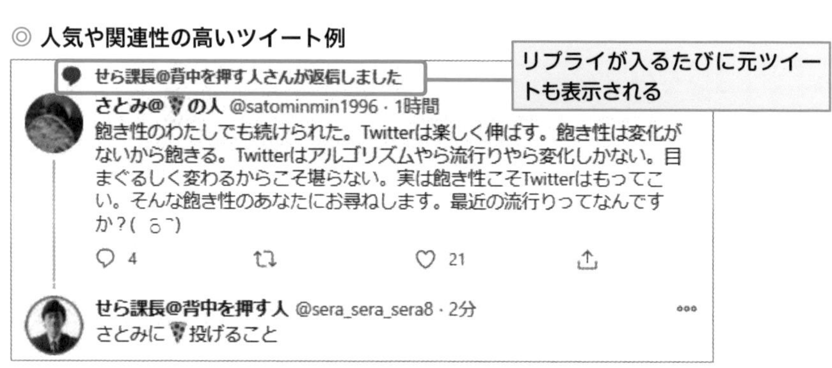

12 Twitterの通知機能を理解しよう

Point!!

- **通知には2種類存在する**
- **フォロワー数が多くなると通知は追いかけきれない**
- **@通知だけならまだ追いかけることができる**

通知には2種類ある

通知は2種類あります。それぞれ、何が表示されるのか見ていきます。

通知の種類

❶ すべて（全体通知）　❷ @ツイート（@通知）

❶ すべて（全体通知）で表示されるもの

全体通知で表示されるのは、次のとおりです。フォロワー数が多いアカウントでは通知の数が1日に1,000件を超えるため、これらの通知を追いかけるのは不可能です。

全体通知で表示されるもの

- **いいねされました**

わ〜め〜 | 分析×作業効率化さんと他2人があなたのツイートをいいねしました

【気合いだけでは起きれない】

気合いで起きるのは難しいので、起きるための仕組みを作りましょう。有効な方法は、前日の夜に明日の朝やることを具体的にイメージすること。

● フォローされました

さんと他20人にフォローされました

● リプライされました

まろみん@逆襲の主婦ブロガー @maromin888・14時間

返信先: @afila_zukaiさん

1万人まであと少し！アフィラさんの図解は本当にわかりやすいので、人気なのも納得です

今月中に1万人！きっと達成できます✨✨バッチリ応援するので任せてください

● リツイートされました

タケウチ@月7桁SEOアフィリエイターさんと**タダユキ😎よく話すブロガー**さんがあなたのツイートをリツイートしました

サロンメンバーが続々と結果出しているので報告します！

・タダユキ @yukitadauchi
フォロワー+2,088
Web収益+10万以上

・タケウチ @takeuchi_0820
フォロワー+3,045

・じゅん @junichi_aikawa
Web収益 0 ⇒ 5万

・はちわれ @hatiware0710
フォロワー+4,500

私も頑張って行きます🙌

● リストに追加されました

べろりか🐾格安SIMのプロさんがあなたをリスト「**Twitterを教えてくれる人**」に追加しました

- 引用リツイートされました

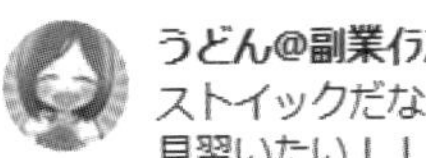

うどん@副業イラストレーター @udonn_setsu · 14時間

ストイックだなぁ…！！
見習いたい！！！

アフィラ@鬼努力5年目ブロガー @afilasite · 2月14日

朝、5時に起きる。布団を蹴飛ばす。そして水を飲む。顔を冷水で洗う。布団を畳む。その後、90分で今日必ず終わらせたい仕事を1個終える。6時30分になる。味噌汁、サラダ、納豆を食卓に並べる。朝の風と光を浴びながら、30分かけて優雅に朝食を食べる。これが最高の朝活です。心にゆとりを。

1 2

- メンションツイートされました

おかぴ@幻想フォトグラファー @okapilife39 · 2分

Twitterを伸ばしたいなら、アフィラさん（@afilasite）を参考にするのがおすすめ。

アフィラさんが発信してる内容はもちろん、名前、アイコン、プロフ文、言葉選びなども勉強になることばかりです。

"鬼努力"に特化したアフィラさんを見習って、自分の中で圧倒的な個性を出すならどこかを考えよう

1  3

- いいねされました
- リプライされました
- リストに追加されました
- メンションツイートされました
- フォローされました
- リツイートされました
- 引用リツイートされました

といったぐあいに、全体通知で受け取る通知は膨大です。Twitter運用をしていてフォロワー数が増えると対応しきれなくなるので、リプライやメンションツイートなどが届く、@通知欄を見てコメント返信していくのが基本になります。

❷@ツイート（@通知）で表示されるもの

「@ツイート」にはリプライ（返信）と、自分宛のメンションツイートのみが表示されます。これは、ある程度フォロワー数が多いアカウントでも追いかけることができます。フォロワー数2,000以上のアカウントの人に聞いたところ、「@ツイート」だけを確認している人が多かったです。

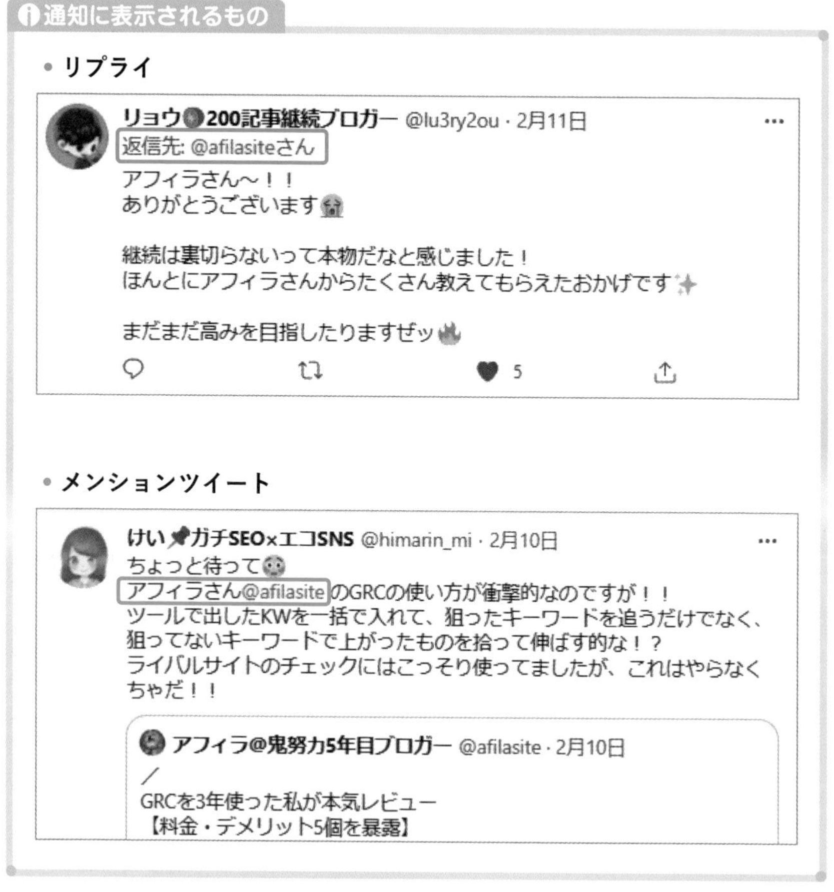

@通知欄に表示されるのは、リプライとメンションツイートの２種類だけなので、フォロワー数5,000人未満であれば追いきれるはずです。フォロワー数が増えてきて通知が大変になったら、こちらを中心に見ていくようにします。

13 DM（ダイレクトメール）の効果的な活用法

Point!!

- DMは1対1の個別チャット
- 50人までのグループ化もできる
- リプライなどで仲よくなってから使用する

DMとは？

DMは特定のユーザーと1対1、もしくは複数で非公開のメッセージができる機能です。いわゆるTwitterチャットです。

デフォルト設定では、フォローしているアカウントからしかDMは受け取れません。設定を変更することで、全アカウントから受け取ることができるようになります。

◎ **メッセージ画面**

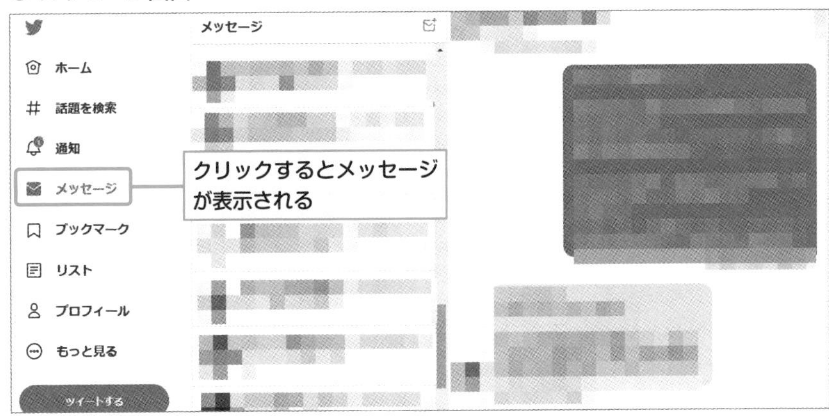

DMは親密になってから使う

DMでやりとりをすることで、より深い信頼関係を築くことができますが、**フォローしてすぐDMを送るのを控えましょう**。いきなりDMを送って勧誘してくる悪徳業者が大量に出回っているので、「**すぐにDMを送ってくる人≒勧誘目的の怪しい人**」と警戒されてしまいます。

たとえば「フォローありがとうございます」といった内容でも、DMではなくリプライで送るほうが無難です。リプライで仲よくなって、より信頼関係を築きたい場合にDMを使うようにしましょう。

DMで仕事を獲得する

Twitterフォロワーが増えてくると、企業から仕事依頼を受けることがあります。このときのやり取りはDM機能を使うのが一般的です。

Twitter上で企業案件を獲得したい場合は、DM機能をすべてのアカウントから受けつけるようにしておきます。迷惑なDMも届くようになりますが、それは削除して対応しましょう。

Tips 企業案件を増やすコツ

企業案件を増やすには、Twitterプロフィールにほしい案件に関する実績を書いたり、「仕事依頼はDMまで」とひと言記載するのがいいです。

また普段のツイートで、他企業との仕事の話やその実績などをツイートし、タイムライン上を整えておくといいです。

最近では企業が面接前にSNSをチェックしているといわれるくらいSNSは人となりを示すので、案件を獲得したいならしっかりTwitter運用しましょう。

14 ブックマークの効果的な活用法

Point!!

- ブックマークはツイートの保存機能
- 役立つ情報を保存するのに使える
- 自分のツイートを一時保存することもできる

ブックマークの意味と3つの使い道

ブックマークは、特定のツイートをお気に入り保存しておける機能です。

Twitterはリアルタイム性の強いツールなので、情報がどんどん流れていってしまいます。忘れたくないツイートをブックマークで保存しておけば、いつでも見ることができます。

たとえば、Twitterで見つけた役立つ情報を保存したり、自分のツイートで反響が大きかったものを保存したりできます。ほかにも、Twitter企画やアンケートを実施した際の進捗確認の一時保存などに使えます。

ブックマーク機能の3つの使い道

1. 役立つツイートの保存
2. 自分のベストツイートの保存
3. 自分のツイートの一時保存

ブックマークのしかたとブックマークしたツイートの確認のしかた

手順① 保存しておきたいツイートの右下の をクリックする

手順②「ブックマークに追加」をクリックする

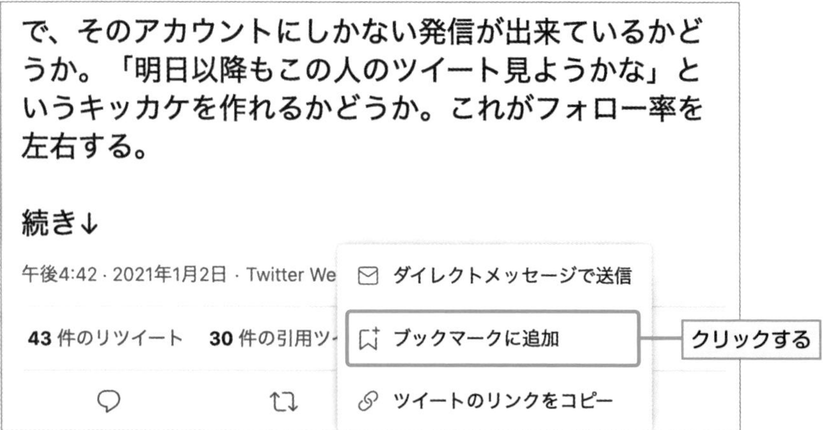

手順③ ホーム画面の左側にある をクリックすると確認できる。

15 ミュートの効果的な活用法

Point!!

- 攻撃的なアカウントをミュートする
- ミュートは相手に通知されないので気づかれない
- 特定のキーワードをミュートすることもできる

「ミュート」の意味とやり方

特定のユーザーのツイートをタイムライン上で非表示にするのがミュートです。

ミュートすることで、自分が見たくないツイートを非表示にできます。なお、**ミュートにしても相手には通知されないので、相手にわかってしまうことはありません。**

ネガティブなツイートや攻撃的なツイートをするアカウントは、ミュートで非表示にしておくとタイムラインが平和になります。Twitterで傷つく人はかなり多いので、ミュートを活用して平穏を保つといいですね。

手順❶ ミュートしたい人のプロフィール画面で⋯をクリックする

手順❷「@○○さんをミュート」をクリックする

キーワードミュートもある

キーワードミュートは、特定のキーワードが含まれたツイートを非表示にする機能です。自分が見たくないキーワードがあったら、そのキーワードを含んだツイートを、一括でフィルタリングして非表示にするのもタイムラインが平穏になります。

手順❶ ホーム画面で左側の画面から ⋯ をクリック⇒「設定とプライバシー」をクリック⇒「プライバシーとセキュリティ」をクリック⇒「ミュートブロック」をクリックする

手順② 右上の ＋ をクリックする

設定　　ミュートするキーワード　クリックする　＋

アカウント

セキュリティとアカウントアクセス

プライバシーとセキュリティ

通知

アクセシビリティ、表示、言語

その他のリソース

ミュートしているキーワードはありません

キーワードをミュートすると、そのキーワードを含むツイートは通知されず、タイムラインにも表示されなくなります。詳細はこちら

手順③ ミュートしたいキーワードを設定する

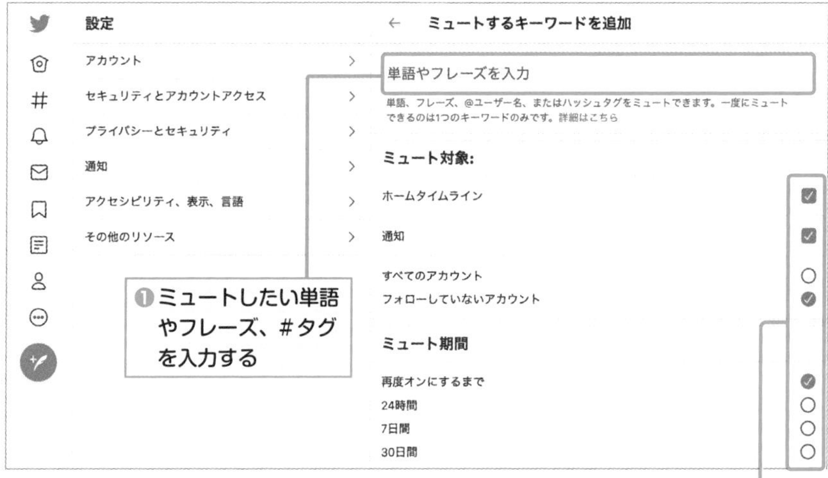

Tips 反論意見が出てくるのは自分に影響力が出てきた証拠！

Twitter運用をしていると、どうしても自分の意見・考えに対する反論意見が出てきます。また、自身の影響力が大きくなると、対立する派閥のようなものも現れます。

多くの人が批判されたりして傷つき、Twitterから離れていってしまうのですが、そういう意見は出てきてあたりまえだと認識し、ミュート・ブロックで対処したほうがいいですよ。いろいろな考え・意見があって当然と割り切り、自分が正しいと思う発信をすればOKです。

16 ブロックを使う落とし穴

Point!!

- ブロックするとすべての情報を見られなくできる
- ブロックは相手に通知されない
- 相手がアカウントを見に来たら判明してしまう

ブロック機能とは？

特定のユーザーとの一切の交流を断つ機能がブロックです。

ブロックすることで、相手に自分のツイート・リプライのすべての活動を見せないことができます。また、フォローも外れます。なお、**ブロックしても相手には通知されないので、基本的にわかりません。**

手順① ブロックしたい人のプロフィール画面で⋯をクリックする

手順②「@○○さんをブロック」をクリックする

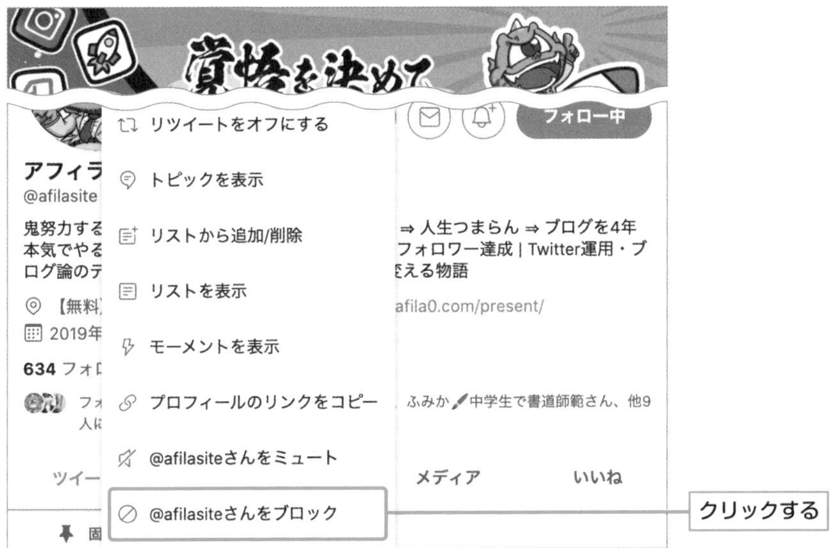

手順③「ブロック」をクリックする

ブロック機能を使う落とし穴

ブロックされた側が、ブロックをした人のプロフィールを見にいった場合、ブロックされていることがわかります。これが原因でいざこざに発展することもあるので注意が必要です。

ブロックすると、ブロックされた側はブロックした人のフォローを自動的に解除されてしまいます。もし、フォローが解除されたことを何かしらの外部ツールで把握した場合、「なぜ？」という疑問からブロックされたことに気づく可能性もあります。なお、ブロックはいつでも解除することができます。

◎ **メッセージ画面**

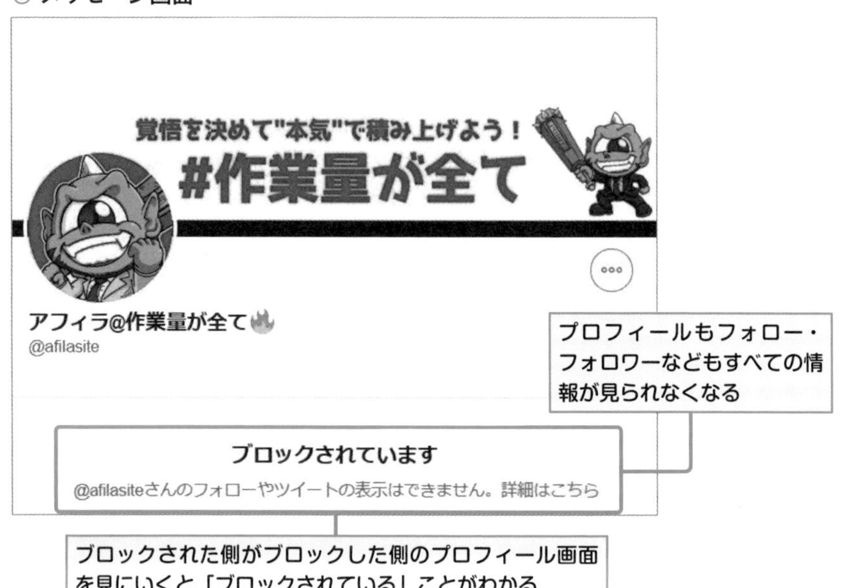

ブロックの使い道

ブロックの最大の強みは、**特定ユーザーからのリプライ、引用リツイートを封じることができる**という点です。

ブロック以外では、リプライなどが自由にできてしまうので、有害なリプライをツイートにつけられるリスクがあります。そういった迷惑行為を防止するには、ブロックを使うか報告を使うしかありません。

個人で完結して即効性が高いのがブロックなので、**特定のユーザーに困っている場合はブロックを使いましょう**。

17 Twitter内検索を有効活用しよう

Point!!

- Twitter内の情報を検索できる
- 話題のツイートに載ると拡散力が上がる
- 最新欄は情報収集に使える

「Twitter内検索」の意味と2つの役割

Twitter内で、特定のキーワードを含んだツイートやアカウントを検索することができます。

検索のしかたは次の手順になります。

手順 ホーム画面の右上にある「キーワード検索」に検索したいキーワードを入力してリターンキーを押す

キーワード検索

検索には次の5つの機能があります。

5つの検索機能

❶「話題のツイート」→キーワードの中で反応が多いもの
❷「最新」→直近でキーワードを含んだもの
❸「アカウント」→キーワードに関連したアカウント
❹「画像」→キーワードを含んだ画像
❺「動画」→キーワードを含んだ動画

◎ 検索機能

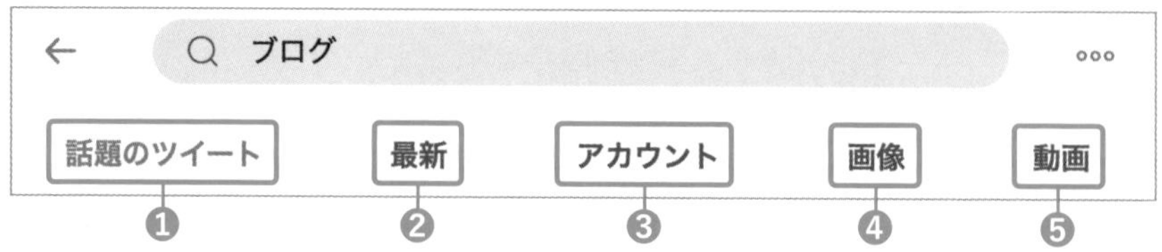

❶話題のツイート

その検索キーワードで、反応がいいツイートほど上に表示されやすくなります。つまり、いいねやリツイート、リプライが多いツイートほど上に表示されるということです。ハッシュタグの検索も同じ原理です。

そのキーワードで検索するユーザーにアピールしたければ、いいねやリツイートを多く獲得したほうが有利です。

やるべきことは、**ほかのユーザーのツイートにいいねをしてパワーを送ることで、逆にパワーをもらったり、リプライをして信頼関係を築いていくこと**です。トレンドに乗らなくても、特定のキーワードで「話題のツイート」に載ることの意義は覚えておいて損はないです。

❷最新

最新のツイートが並ぶので、**数秒前に投稿されたツイートを追いかけることもできます**。リアルタイムSNSであるTwitterの魅力を最大限生かせます。

たとえば、TV番組のハッシュタグや地震などの災害情報、大手通信会社〇〇の接続不良といった緊急時は、「最新」のTwitter検索が有効です。

「自分だけに起きていることなのか？」「日本全体に影響があることなのか？」知ることができます。

❸アカウント

「アカウント」の検索は、「キーワードに関する人」をフォローしたいときに多く用いられます。**何かに特化したジャンルのアカウントなら、そのジャンルで検索されそうなキーワードをプロフィールに含むと、「アカウント検索」でフォローされやすくなります**。たとえばブロガーなら、「ブロガー」を含んでおくとアカウントがヒットしやすくなったりします。

18 モーメント機能ってどんなメリットがある？

Point!!

- モーメント機能でツイートまとめがつくれる
- PC版のTwitterで作成するのが簡単
- 自分のツイートをシリーズ化するのがいい

モーメントの意味と2つの役割

モーメントは、お気に入りのツイートのまとめを作成できる機能です。

自分のツイートだけでなく、世界中のツイートを使って作成できます。下図のように、モーメントはサムネイルでタイムライン上に表示されます。

◎ モーメントの例

モーメントを開くと、自分が保存したツイートの一覧が見られます。何か情報をまとめたいときには使いやすい機能ですね。

モーメントの作成のしかたは次の手順になります。モーメントはPCから作成するほうが簡単です。

手順① ホーム画面の左のメニューにある⊖をクリックする

手順② 「モーメント」をクリックする

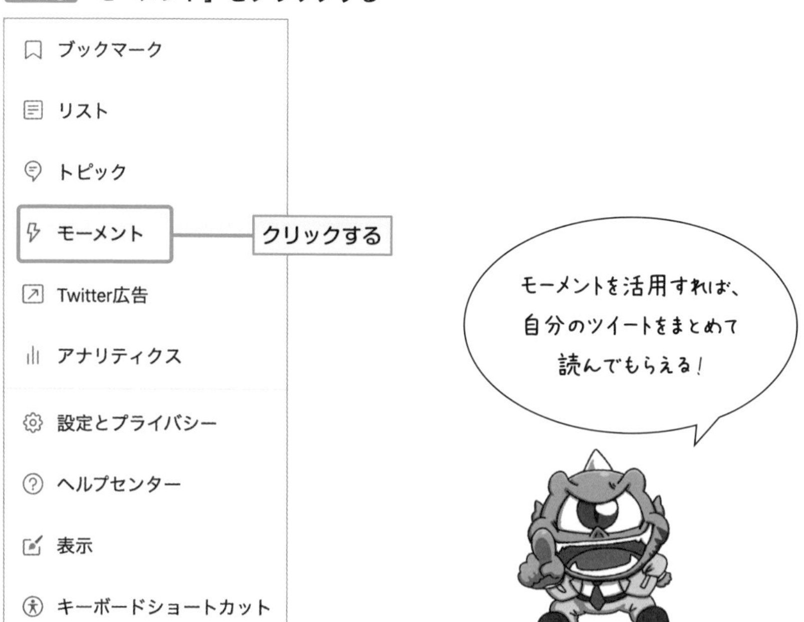

手順③ 右端の をクリックする

手順④ 新規作成画面から、モーメントにツイートを追加する。モーメントへのツイート追加方法は次の4つ。

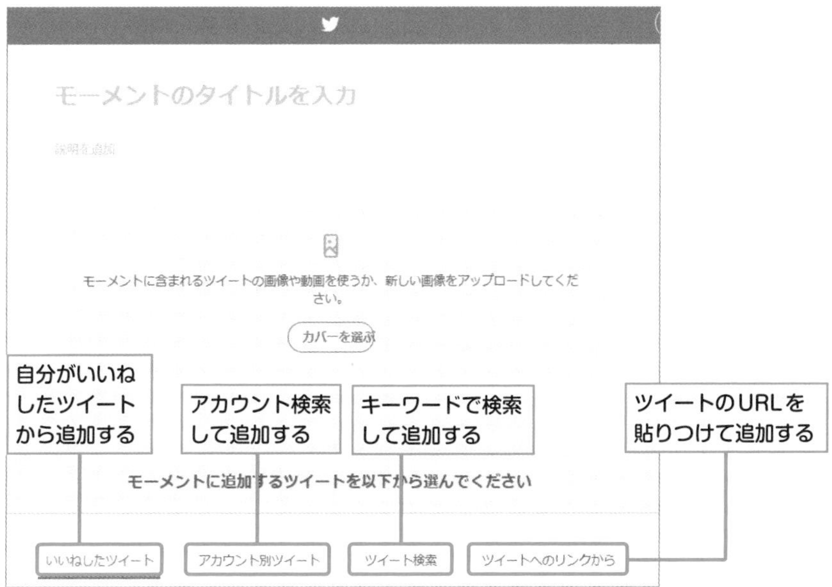

手順⑤ たとえば「いいねしたツイート」からモーメントに追加する場合は、ツイートの右にあるチェックマークをクリックする

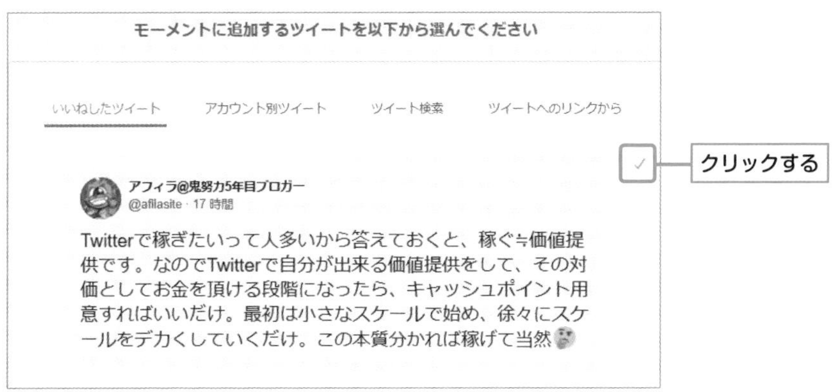

手順⑥ まとめたいツイートを集め終えたら、モーメントのタイトルと説明を入力し、カバー写真を選択して公開する

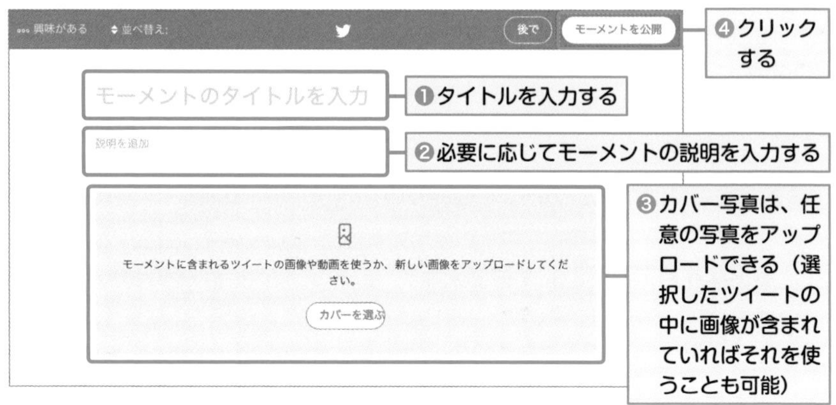

すでにTwitterモーメントに追加したツイートの順番を入れ替えたり削除する

手順① モーメントに追加したツイートの右端にある⇕で順番を入れ替える

手順② モーメントに追加したツイートの右端にある✕で削除する

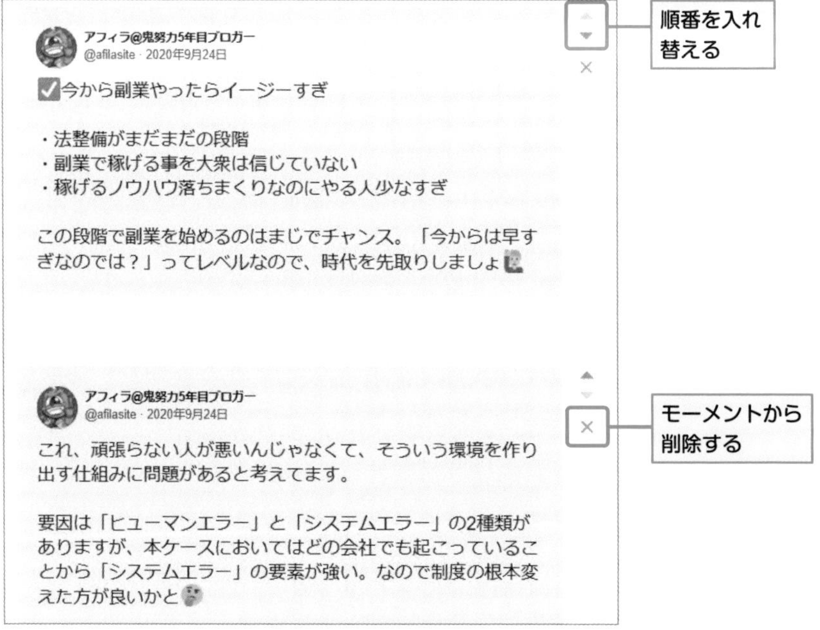

19 アンケートの効果的な活用法

Point!!

- 自由な４拓アンケートを作成できる
- ニーズ調査して運用の指針を立てられる
- 世論調査としても活用できる

「アンケート」の意味とやり方

アンケートとは、ユーザーに自分が設定した好きな４拓アンケートができる機能です。

次のように２～４つの選択肢を用意してツイートを投稿します。アンケートをタイムラインで見かけたユーザーは、気軽に投票することができます。

◎ アンケートツイート例

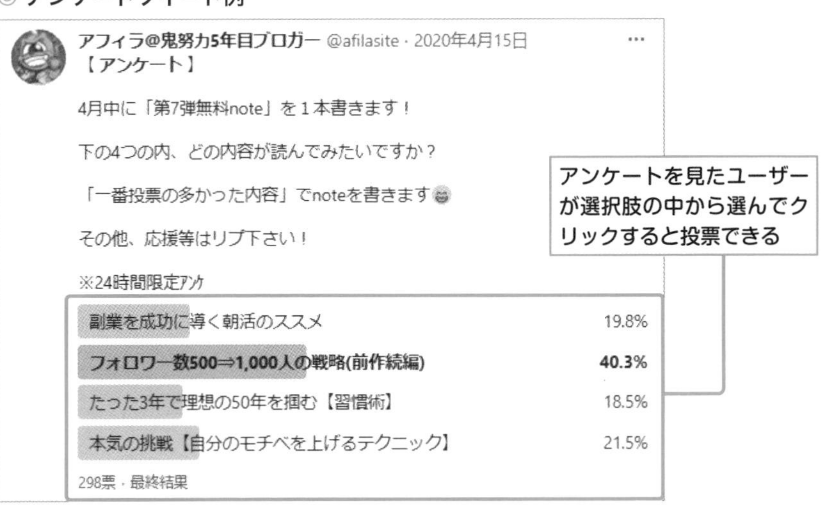

アンケートは次の手順で作成します。

手順① ホーム画面で左側のメニューから ツイートする をクリックする

手順② 投稿する文章を書いたら下にある をクリックする

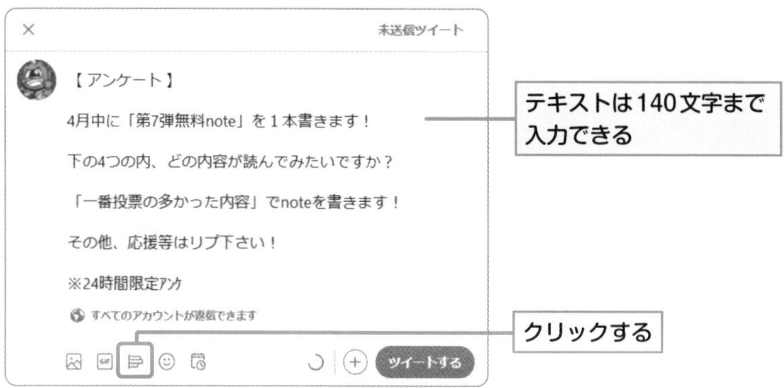

手順③ 項目数を増やしたいときは＋をクリックする

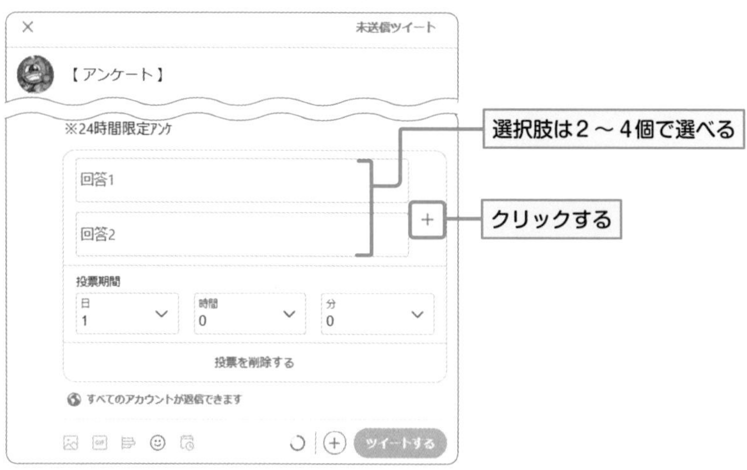

手順④ 回答を入力する

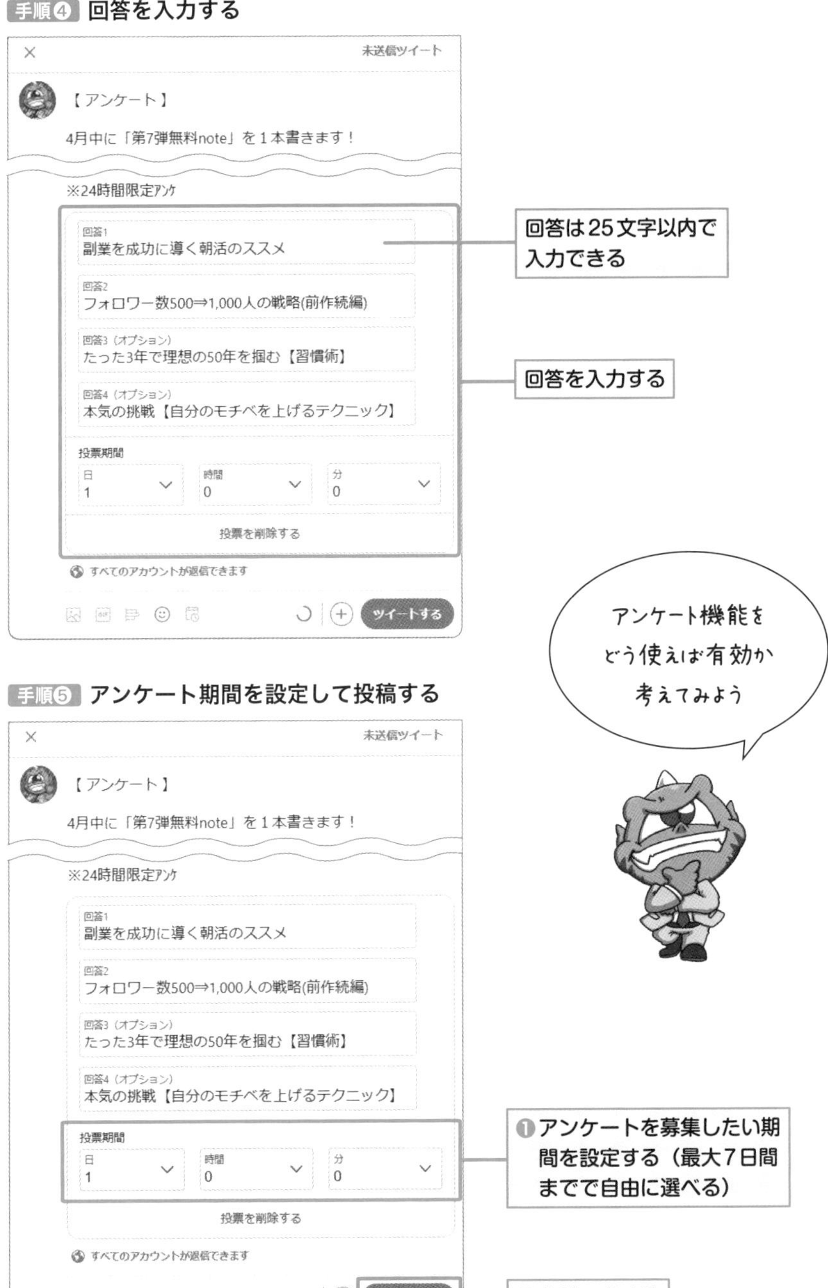

手順⑤ アンケート期間を設定して投稿する

アンケートの2つの活用法

アンケートには次の２つの活用方法があります。

2つの活用法

❶ ニーズ調査　　❷ 世論調査

❶ ニーズ調査

自分のTwitter運用の方針を決めるのにも、Twitterアンケートを使うことは有効です。ツイート内容や、今後出すコンテンツのニーズを確実に拾うことができるので、定期的に実施しましょう。

◎ アンケートツイート ニーズ調査編 例

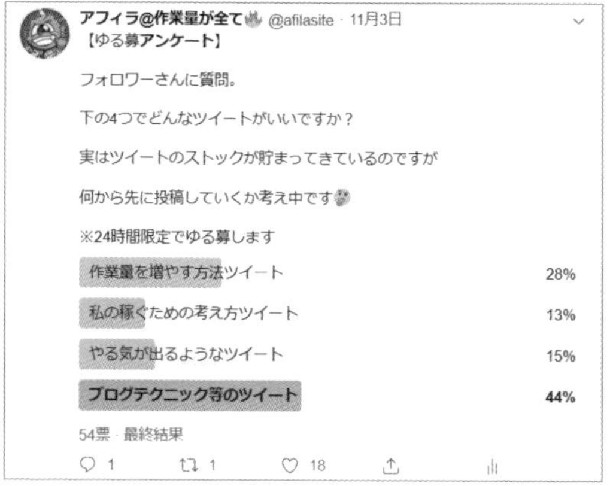

❷ 世論調査

記事を書く際に、世論調査をする活用法です。説得力のある記事を作成したい場合、客観的な指標を得られるのは利点なので、こういった使い方も有効です。

◎ アンケートツイート 世論調査編 例

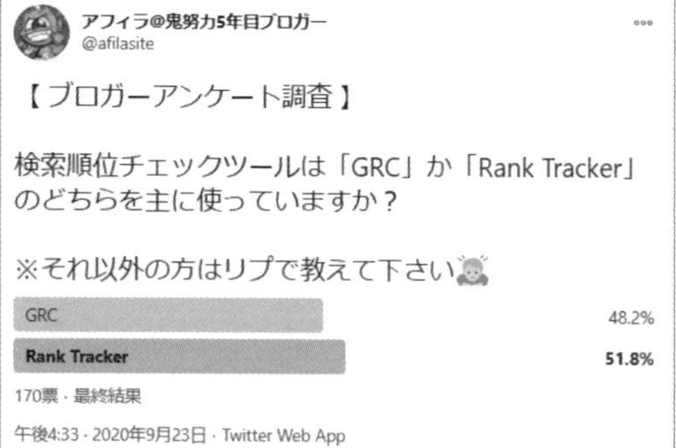

20 埋め込みでサイトの質を上げよう

Point!!

- 埋め込みでツイートをブログなどへ引用できる
- ブログ⇔Twitterの連携を強化できる
- 埋め込み自体は1分以内で簡単にできる

「ツイート埋め込み」の意味と埋め込める5つのもの

ブログにツイッターが埋め込みされているのを見たことありませんか？誰かのつぶやきや自分のタイムラインを、ブログに貼りつけている人はたくさんいます。実は埋め込みを効果的に使うことで、ブログとツイッターを有効的に連携させることが可能です。自分のツイートはもちろん、他のユーザーのツイートも埋め込むことができます。

◎ ブログにツイートを埋め込んだ例

ツイッターからブログに埋め込めるものは次の5つです。ツイートだけでなくいろいろなものを引用できるので、ブログのコンテンツを充実させるた

めにも積極的に使っていきましょう。

ツイッターからブログに埋め込めるもの

❶ 自分のツイート　❷ 他人のツイート　❸ 自分のタイムライン
❹ 自分がいいねしたツイート　❺ 自分の作成したリスト

ツイートの埋め込み方

ツイートは次の手順で埋め込めます。

手順❶ 埋め込みたいツイートの右上の ◦◦◦ をクリックする

手順❷ 「ツイートを埋め込む」をクリックする

手順❸ 新しいTwitterの画面が立ちあがるので、Copy Codeをクリックして埋め込み用のHTMLをコピーする

手順❹ コピーしたHTMLをブログ記事のテキストエディタに貼る

これで、**自然とブログからTwitterへアクセスの流れをつくることができます。**ツイートを探してくる手間はかかりますが、ブロガーなら積極的に使いたい機能のひとつです。

ブログとTwitterは連携させるのが得

その理由は次の7つ。

❶双方のアクセスが単純に増える
❷ブログ読者の声がTwitterで拾える
❸リピートユーザーが増える
❹ブログの信頼性がアップする
❺仕事を獲得しやすくなる
❻ソーシャルリンクを獲得できる
❼ブロガー同士の繋がりができる

上記の利点があるので、ブロガーはTwitterも併用するほうがいいといわれています。ブロガーの人は本書を活用して、ブログ運用にも役立ててください。

21 インフルエンサーを味方につけよう

Point!!

- インフルエンサーは3種類に大別される
- ツイートひとつで大きな影響力を持つ
- インフルエンサーといったらフォロワー 10,000人以上が一般的

「インフルエンサー」の意味と分類

Twitterのインフルエンサーとは、一般的にフォロワー数が多いTwitterアカウントのことを指します。あくまで私の感覚ですが、大別すると次の3つに分けられます。ただし会話でインフルエンサーといった場合、マイクロインフルエンサー以上を指すのが一般的です。

インフルエンサー大別

- インフルエンサー：フォロワー数10万以上
- マイクロインフルエンサー：フォロワー数1万以上
- ナノインフルエンサー：フォロワー数3,000 ～ 10,000人

インフルエンサーが持つ3つの力

インフルエンサーが持つ力は次の3つです。

インフルエンサーが持つ3つの力

❶ 影響力　❷ 拡散力　❸ 権威性

インフルエンサーのツイートは、トレンドが生まれたり、誰かの行動を大きく変えたりする影響力を持っています。たとえば、著名人の言葉ひとつで株価に大きな影響が出たりします。このように有名人の発言・行動は、多くの人に絶大な影響をおよぼします。

また、インフルエンサーの「いいね」「リツイート」は通常のアカウントとはレベルが違います。「いいね」がつくだけで多くの人のタイムラインに上位表示されるので、かなりの数の人に見てもらうことができます。

インフルエンサーの発言は、フォロワー数の多さから信頼度の重みが違います。これが権威性です。たとえるなら、「新規事業は海外の動向を取り入れたほうがいい」とキャリア30年の企画部長に言われるのと、同期の社会人1年目の新卒リーマンに言われるのとでは、心への響きぐあいが違います。

同じようにフォロワー数の多さは、Twitterにおける権威性のわかりやすい指標であるため、インフルエンサーの発言は肯定されやすいのです。

◎ インフルエンサーのご紹介❶

イケハヤさん（@IHayato）：イケハヤさんは、Twitterフォロワー30万人、YouTube、ブログ、そのほか各種メディアで情報発信をしているビジネス系インフルエンサーです。情報のキャッチ力が高く、時代を先駆けて行動している姿が多くの人に影響を与えています。各種メディアにも取材を受けており、その影響力は絶大です。

◎ インフルエンサーのご紹介❷

マナブさん（@manabubannai）：マナブさんは、Twitterフォロワー30万人、YouTubeチャネル登録50万人、人気ブログmanablogを運営するブロガー系のインフルエンサーです。ブログノウハウだけでなく、ビジネスセンス、生き方についても世間に大きな影響を与えており、絶大な人気を誇っています。私もマナブさんの動画を見てブログで稼げるようになった1人で、多くの人に再現性高めの情報を発信しています。

22 相互フォローとはどういう意味なのか？

Point!!

- 相互フォローで仲間をつくる
- 相互フォローはフォロワー数が増えやすい
- 相互フォローのしすぎには要注意

「相互フォロー」の意味と2つの役割

相互フォローとは、自分がフォローしている相手からもフォローされている状態のことです。

フォローの節（Chapter4-01）でもお話ししましたが、自分からフォローするとフォローバックされやすいので、フォロワー数を増やすことができます。**アクティブなTwitterアカウントと相互フォローになることで、両方のアカウントが伸びていく構図がつくれます。**

◎ 相互フォロー例

相互フォローのしすぎに注意する

相互フォローをしていくとフォロワー数は増やしやすいのですが、**フォロー数とフォロワー数が同じくらいになってしまい、中身のないアカウントだと思われてしまいます。**

基本的に、**フォロワー数を増やすためにはツイートでの情報発信を行い、アクティブなTwitter仲間をつくるために相互フォローをする**という位置づけで運用しましょう。

アクティブフォロワーの輪を広げる

Twitterではフォロワー数より大事なのが、自分の周りにいるアクティブフォロワーの数です。アクティブフォロワーとは、Twitterを毎日開き、ツイートやいいね・リプライ・リツイートをしているアカウントのことです。自分の拡散力は、自身の抱えているアクティブフォロワーの拡散力によるものなので、そういった人たちと相互フォローワーで信頼関係を構築していくのがいいです。

たとえば、ラーメン屋の店主であれば、ほかのラーメン屋の店主と相互フォローして、一緒にラーメンに興味ある人へ自分たちのツイートを広げていくイメージですね。Twitterはチーム戦と捉え、仲間とともに業界に対して価値提供できるようになると、自分とまわりの影響力が相乗効果で伸びていきます。

Chapter 4

23 FF比率とは何の数値？

Point!!

- FF比率は1以上がいい
- フォロワー数が少ないうちは気にしない
- FF比率を意識してTwitter運用をする

「FF比率」の意味と2つの役割

FF比率とは「**フォロワー数÷フォロー数**」の数値のことです。一般的にフォロワー数のほうが、フォロー数より多いのがいいとされています（FF比が1以上）。

FF比率が1を超えていると、相互フォロー以外の要素でフォローされているという指標になります。**フォロワー数がフォロー数の2倍以上あるアカウントは、すごいアカウントだと認識されやすく、フォロー率が高まります。**

具体例

- **フォロー数600人、フォロワー数35,000人のアカウントならFF比率は「58.3」**
- **フォロー数1,000人、フォロワー数2,000人のアカウントならFF比率は「2.0」**

しかし、フォロー数＞フォロワー数でFF比が1未満のアカウントでも、活発なアカウントがあるのもまた事実です。人気のあるアカウントかどうかは、**オリジナルツイートが「フォロワー数×1%」のいいねがついているかどうかで見る**のもひとつの方法です。

理想のFF比率の目安

Twitter運用のフェーズごとに理想となるFF比率は異なります。目安を示すので、自分のフォロワー数を見ながらどのくらいか意識しながらTwitterを運用していきましょう。

フェーズごとに理想となるFF比率

- フォロワー数0～500 **FF比率は気にしなくてもOK**
- フォロワー数500～1,000 **FF比率0.5～2の範囲内**
- フォロワー数1,000～2,000 **FF比率1以上**
- フォロワー数2,000～ **FF比率2以上**

Chapter 4

ザックリとこんな感じです。**Twitterでインフルエンサーとして権威性を獲得したい場合、FF比率は気にしておいたほうがいい**ですね。

FF比率を高める方法

では、FF比率を高めるにはどうしたらいいのでしょうか。それは単純に、価値のあるツイートを発信することです。

「この人をフォローしておけば、明日以降も有益な○○の情報が手に入る」と思われることが理想です。そういう人が多くなって、自分の発信に対する支持が増えればFF比率は自然と高くなります。

FF比率を高めるには、
価値提供あるのみ!
魅力的なアカウントになるよう、
毎日の発信を大切にしよう!

24 Twitter企画を実施してアカウントを伸ばす

Point!!

- Twitter企画でフォロワー数を増やせる
- 認知を拡大するために有効な運用法
- 企画を実施する際はしっかり練っておこう

Twitter企画の意味と役割

Twitter企画とは、フォロワーとの交流やTwitterアカウントを伸ばすことを目的としたTwitter運用法です。企画を実施することで、通常のツイートとは別にアカウントを伸ばす機会を得られるのが魅力的です。

Twitter企画の具体例は次のような感じです。

具体例

- **フォロワー紹介企画**
- **フォロワー交流企画**
- **プレゼント企画**

……etc

Twitter企画は発想次第で、いろいろと変化が可能です。プレゼント内容を変えればどんなジャンルでも使えますし、大規模なインプレッション獲得にも繋げることができます。

本書で紹介している例にとらわれず、柔軟なアイデアでどんな企画をしたらフォロワーに価値提供できるか？　を考えて企画を実施してみましょう。

◎ フォロワー紹介企画例

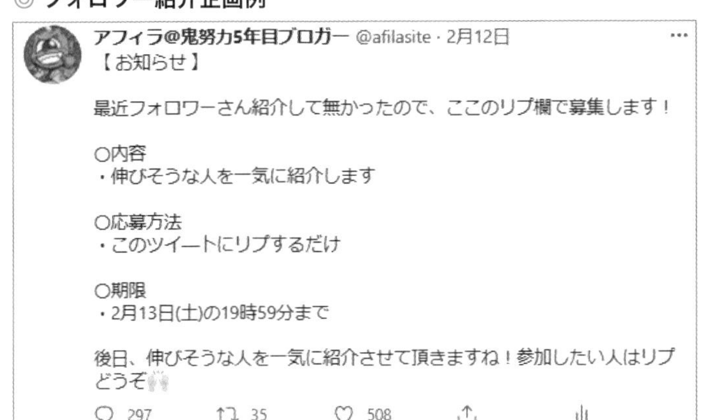

企業でもTwitter企画を実施しているアカウントはたくさんあります。プレゼント企画は、Twitterでアカウントの認知を拡大する際に有効な手段です。

◎ プレゼント企画例

Twitter企画を考えるときに設定すること

Twitter企画を考えるときには、次の項目を企画ごとに埋めていき、どんな企画にするか決めていきます。Twitterで流行っているものをそのまま真似する人も多いですが、独自性があって自分だけにしか実施できないもののほうが効果的です。

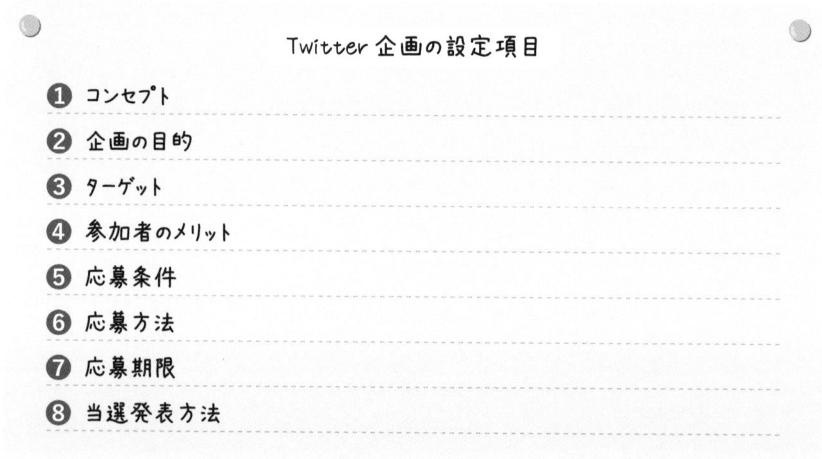

具体的には次のようなツイートをします。140文字でわかりやすく伝えることを意識しなくてはならないので、よく考えてみましょう。どうしても、あふれてしまったり埋まり切らない場合は、スレッド形式で繋いでみましょう。

◎ 企画ツイートの具体例

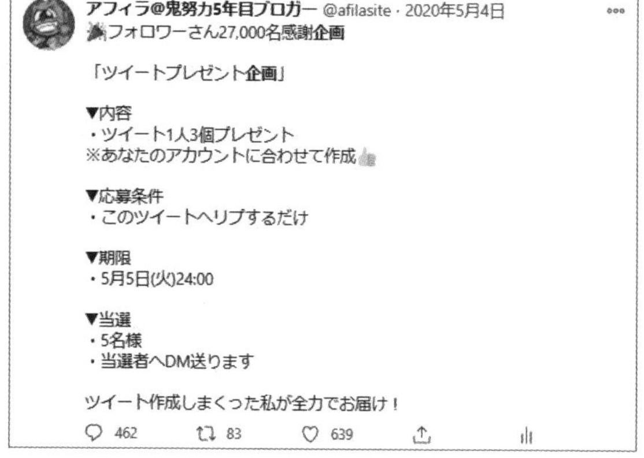

Chapter 5

ファンを獲得するための ツイートのしかた

反応率がよくなる魔法を手に入れる

Chapter5では、ファンを獲得するツイートの方法を解説します。フォロワー数を増やすにはどんなネタで、どんな書き方でツイートすればいいのかを具体例を交えて紹介するので、フォロワー数を増やせるよう、各種ツイートのノウハウを実践してみてください！

01 ツイートの目的を明確にしよう

Point!!

- ツイートの６要素を理解する
- ツイートの目的は４つに大別される
- 目的に沿ってツイートをすることが大切

「ツイートの目的」の意味と６つの要素

ツイートを作成したり、自分や誰かのツイートを分析するとき、次の６要素の視点から考えてみましょう。なぜなら**「それぞれのツイートが持つ意味」は非常に難しいので、なんとなくでやっていると本質にたどりつけないから**です。

ツイートの６要素

- WHY ツイートの目的は何か（Chapter5-01）
- WHO ツイートのターゲットは誰か（Chapter5-02）
- WHEN いつツイートするのか（Chapter5-03）
- WHERE どの領域へツイートするのか（Chapter5-04）
- WHAT 何をツイートするのか（Chapter5-05）
- HOW どのようにツイートするのか（Chapter5-06）

Twitterを伸ばすには６要素を理解して、ツイートについて深く考えることが必要です。

WHY ツイートの目的は何？ ⇒ ツイートの目的は4つ

まずは6要素の中で最も重要である、「そのツイートの目的」について解説します。ツイートの目的は次の４つに大別されます。

ツイートの４つの目的

❶ ユーザーを集客する	❷ フォロワーと交流する
❸ 自分の商品を宣伝する	❹ 自分のブランド力を高める

上記の４分類をもとに「そのツイートは何をねらったものなのか？」を考え、その目的達成に向けていいツイートをつくっていくべきです。たとえば**「宣伝ツイートは自分の商品へのアクセスが目的なので、いいね・リツイート・プロフィールアクセス数が少なくても問題ない」**といったぐあいです。

❶ ユーザーを集客する

多くのツイートは、この「ユーザーを集客する」ことを目的としています。**ツイートが伸びやすい時間帯に（Chapter5-03参照）、伸びやすい型で高インプレッションをねらっていきましょう。**

その結果フォロワー数が増えていき、あなたのアカウントの認知がドンドン拡大していきます。

たとえば次のようなツイートです。多くの人に役立つ・共感できる・面白いと感じるツイートをねらっていきます。

◎ 多くの人に役立つ・共感できる・面白いと感じるツイート例

アフィラ@鬼努力5年目ブロガー @afilasite · 10月13日

結局、人生を変えたいならどこかで頑張るしかない。例えば、10代の内に勉強を頑張れば、高偏差値の大学に行けて大きく人生が変わったり。副業で数年間、鬼のように頑張って独立して人生を変えたり。どこかのフェーズで頑張ることが、その先の一生の幸福度を爆上げする。逃げずに今からやった方がいい。

48　36　574

❷ フォロワーと交流する

交流ツイートでは、フォロワーと関係性を深めて、フォローの継続率のアップや、いいね、リツイート、リプライを多くしてもらいやすくすることをねらっていきます。

新規フォロワーを増やすことばかりに目がいきがちで、ここの視点がない初心者が多いですが、フォローしてもらったら終わりではありません。

たとえば次のようなおはようツイートは、「おはよう」と気軽にリプライしやすく、交流が生まれやすいです。**新規フォロワー獲得をねらった集客ツイートばかりではうまくいきません。**すでにフォローしている人と継続的に交流するために、「おはようツイート」なども一定の割合（10～20%）で投稿していきましょう。

◎ **交流ツイート（おはようツイート）例**

アフィラ@鬼努力5年目ブロガー @afilasite · 7時間

おはようジャパァーン！

朝活は「圧倒的に生産性が高い」「自分だけの時間を確保出来る」「自己肯定感が上がる」と、人生を好転させる三拍子が揃っている。朝活を始めて人生変わったって人を、Twitterだけでも50人は見てきたので、本当に人生変えたい人は朝活始めましょ。朝活が手軽で最強です。

163　12　597

朝の交流でリプライが多くなりやすい

❸ 自分の商品を宣伝する

ブログやYouTubeなど、コンテンツや商品の宣伝をねらったツイートをしていきましょう。**一般的にいいね・リツイートなどは少なくなりがちですが、目的は宣伝なので、それほど気にしなくて大丈夫**です。

◎ **自分の商品を宣伝するツイートの例**

アフィラ@鬼努力5年目ブロガー @afilasite · 1月9日

ブログ記事タイトルの具体例195個を一覧でまとめました。タイトル作成で悩んでいる人は、ブクマして参考にどうぞ↓↓

ブログ記事タイトルの具体例195個一覧まとめ【パクってOKです】

検索1位を狙うタイトルの具体例が知りたい ブログタイトルの付け方がわからない 記事タイトル具体例が沢山知りたい こんな悩 ...

afila0.com

たとえば前頁のようなツイートです。個人で運営する場合、宣伝ばかりするアカウントは伸びません。**宣伝をアカウント運用する最大の目的の人も多いですが、控えめにしておくことがお勧め**です。

ただし、宣伝する商品がかなり良質であれば、集客の役割を担うパターンもあります。一石二鳥なので、ここが1番ねらいたいパターンですね！

❹ 自分のブランド力を高める

今のTwitterでは、**ただの有益情報を投げるだけではダメで、誰が発信しているかが重要視されています。**なので、うまくブランディングできている人はTwitterで伸びています。そのブランディングは、プロフィールや肩書きでも示せますが、定期的に自分の詳細プロフィール情報、近況、実績や考え方を発信していくことで強化できます。

たとえば次のようなツイートです。**階段自己紹介で多くの情報を投げることで、ブランディングが強化されることをねらっています。**「元高校数学教師」の情報があることで、以降の分析に関するツイートの信頼度が上がるといったイメージですね。

◎ **自分の詳細プロフィール情報ツイートの例**

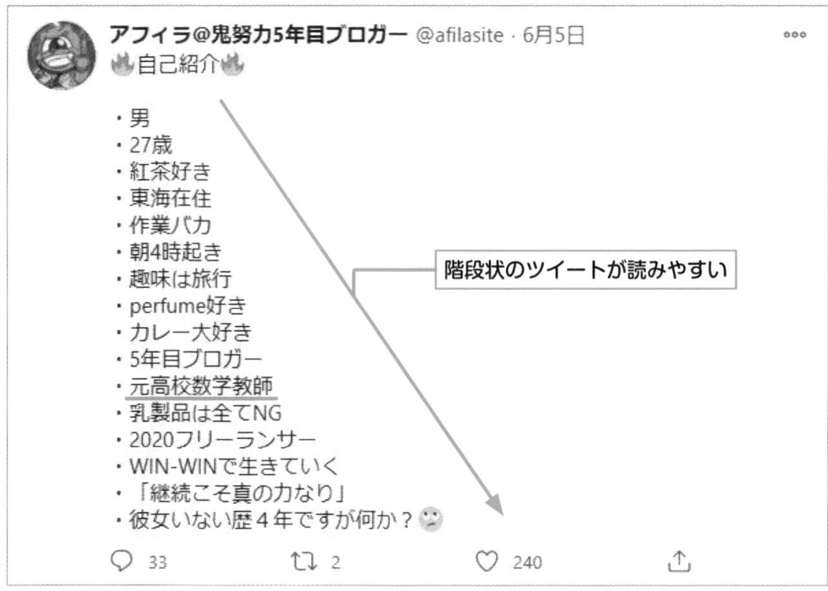

02 ツイートのターゲットは「誰か」を決める

Point!!

- ターゲットを明確にすると伸びやすい
- ブランディングに沿ったターゲティング
- ツイートを分析する際にも有効

ターゲットを明確にすると伸びやすい

ツイートのターゲットを明確にすると伸びやすくなります。簡単にいうと、**万人ウケするようなツイートを投稿するより、特定の誰かに向けたツイートにしたほうが、反応率が高くなります。結果として多くの人に見てもらえます。**

たとえば次のようなツイートです。1行目に「ブロガーは」と書くことで、「ブロガーに向けた発信である」ことを明示しています。私自身がブロガーであり、ブログノウハウをツイートで発信しているので、この属性のフォロワーも多く、当然反応率はよくなります。自分が発信したい属性に向けた発信だとわかるように、1行目に明示しましょう。

◎ ターゲットを明確にしたツイート例

アフィラ@鬼努力5年目ブロガー @afilasite · 22時間

ブロガーはTwitterやるべき、やらなくていい論争があるけど、ここまで影響力を拡げられた私からすると、やる一択なんだよなぁ。初心者ならWordpress開設と同時にTwitter始めて両方のスキルを磨いていくと長い目で見て強い。ブログ、Twitterを個別で見るのではなく、webマーケ全体で見るのが正しいかと

33 4 332

ブロガーに向けた発信であることがわかる

ブランディングに沿ったターゲティング

ツイートのターゲットを決める際は、自分のアカウントのブランディングに沿ったものにしましょう。たとえば自身がブロガーなのに、「農家でがんばっている人へ○○」と、属性があっていないツイートは反応率が下がります。

自分のブランディング属性と一致する属性、またはそれに付随する属性（フォロワーの属性）に対してターゲティングされたツイートを投稿していくのがいいですね。

次の例のように、自分の属性の周りにどんな人がいるのか、フォロワーのプロフィールをチェックして確認しておきましょう。

自分のアカウントの属性とフォロワーの属性例

自分の属性 **ブロガー**

フォロワーの属性 **Webライター、副業サラリーマン、フリーランス**

ターゲットユーザーの具体例

では、より具体的にターゲットユーザーを見ていきます。

まずターゲットユーザーの具体例をいくつか列挙してみると、次のようになりました。ターゲットユーザーは複数想定されるので、自分がツイートできるターゲット層を把握しておきましょう。そして**何かツイートする際は、ターゲットユーザーを定めてツイートする意識があると、反応率のいいツイートがつくりやすい**のでお勧めです。

ターゲットユーザーの例

- 初心者ブロガー
- Twitterガチ勢
- 副業をやっている人
- 20代のゆとり世代
- 初心者Twitter民
- 何かをがんばっている人
- 朝活している人
- 自分のフォロワー

03 いつツイートするのがいいか？

Point!!

- 朝、昼、夜の伸びやすい時間帯を意識する
- アクティブな時間の前に反応を集める
- 時間帯にあわせたツイート内容を考える

朝、昼、夜の伸びやすい時間帯を意識する

Twitterに人が集まる時間帯は、朝、昼、夜の3回あるので、それにあわせてツイートをしていきましょう。詳しい時間帯は次のようになります。

Twitterに人が集まる時間帯

- 朝（通勤時間帯）：6時～8時
- 昼（休憩時間帯）：12時～13時
- 夜（帰宅時間帯）：17時～20時

1年半、1日中、1時間おきにオリジナルツイートをしてみて、そこから分析すると、上記の時間帯が伸びやすいことに気づきました。上記を参考に、人が集まる時間帯を意識してツイートするのが基本的な運用になります。

アクティブな時間前に反応を集める

Twitterのタイムラインでは、いいね・リツイートなどが多いツイートを上位表示するので、**Twitterアクティブユーザーが集まる1～2時間くらい前にツイートしたほうが、人気投稿に載りやすくなります**。Twitter公式のヘルプセンターには、次のような記載があります。「お勧めのツイートやアカウントのほか、人気や関連性の高いコンテンツがタイムラインに追加されるため、フォローしていないアカウントのツイートが表示されることがあります。タイムラインに表示されるツイートは、人気の高さやフォローしているアカウントからの反応など、さまざまな要素に基づいて選ばれます。ユーザーが興味を持ちそうな話題の会話（関連性や信頼度が高く安全なコンテンツ）を、ホームタイムラインで上位表示するようになっています」

人気の高さや反応はとても重要で、その反応を人が多くなる時間帯よりも前に集められれば、伸びやすいツイートになります。

たとえば17時台にツイートすると、ほかのツイートが少ないので相対的に自分のツイートにいいねがつきやすくなります。そのあと、人が集まってくる18時ごろには17時に投稿されたツイートがいいねを多く集めているので、人気ツイートに上がってくるわけです。そうなるとさらに多くのいいねを獲得でき、1個のツイートが長い時間活躍してくれることになります。**ツイートの投稿時間はアクティブな時間帯の少し前にして、反応を集めておきましょう。**

時間帯にあわせたツイート内容を考える

時間帯にあわせたツイートをすることで、反応率を高められます。昼の休憩時間帯には、午後からも仕事をがんばる人に向けたメッセージ的なツイート内容だったり、仕事で役立つビジネススキル的な発信だと伸びやすくなります。たとえば、次のようなツイートですね。ここでは、ビジネスの場面で役に立つ思考術を意識しています。**自分のターゲットが、時間帯ごとにどのような状況でTwitterを確認するかを考えてツイートすれば伸びます。**

◎ **昼の休憩時間帯にあったツイート例**

04 どの領域へのツイートなのか考えよう

Point!!

・領域の４区分を理解する
・どの領域までねらうかで単語を変える
・ねらう領域を広げたほうがバズる上限値が大きくなる

領域の４区分を理解する

ツイートの広まり方について考察すると、次の４領域の順番に広がっていくイメージになります。

領域の４区分

第１領域 フォロワー

第２領域 フォロワーのフォロワー

第３領域 同ジャンルの一般層

第４領域 他ジャンルの一般層

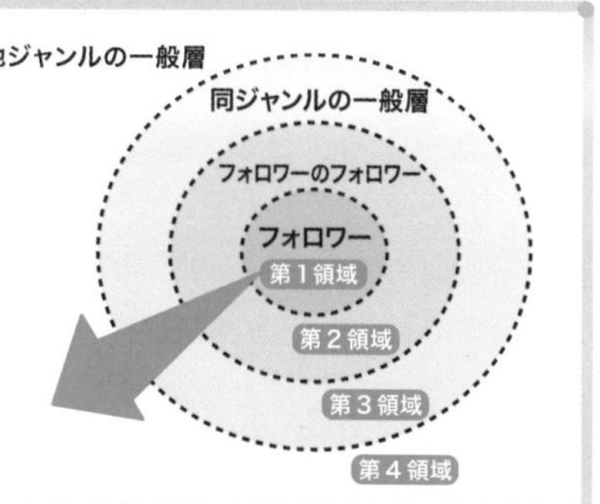

いいね・リツイート・リプライが増えれば、さまざまな人のホームタイムラインに表示され、ツイートが拡散されます。**基本的には第１領域、第２領域までの範囲のツイートが多いですが、バズりたい場合は第３領域、第４領域まで考えていく**ことになります。

領域の広がりを意識してツイート内容を変える

ツイートをどこの領域まで拡散できるのかを意識して、ツイート内容を変えるようにしましょう。たとえば**集客を目的にしたツイートであれば、第３領域まで拡大をねらいたいので、できるだけリツイートしてもらえるような共感ツイートをする**ようにします。

次のツイートは、第３領域・第４領域まで意識してツイートしています。「社会人」「生活背景」「給与」「人生」「がんばる」といった、一般の人にも伝わる単語を用いてツイートをつくっています。

◎ **第３領域・第４領域まで意識したツイート例**

アフィラ@鬼努力5年目ブロガー @afilasite・1月9日
社会人として5年間、手取り17万で5年やってきた。朝7時30分から出勤して夜21時まで働き、頑張った所で昇給する機会などなく、周りに起業してる知人もいないという環境で数年生きてきた。その環境から抜け出す為に努力した経験から、本気で頑張る人に役立ちそうな情報を発信するアカウントがこちら。
28　14　557

第3、第4領域の一般の人向けの書き方にしている

逆に第２領域あたりまでに絞ったツイートに書き換えてみると、次のようになります。

私の場合、自身がブロガーなので、第１領域、第２領域はブログ・Twitterに関心が高い人ばかりです。そのため、第２領域までのフォロワー層へリーチしたい場合は、使う単語を「ブログ」「Twitter」など、フォロワー層に直接的に刺さるものに変更する工夫をしています。

◎ **第２領域あたりまで意識したツイート例**

社会人として5年間、手取り17万で5年やってきた。朝7時30分から出勤して夜21時まで働き、頑張った所で昇給する機会などなく、周りに起業してる知人もいないという環境で数年生きてきた。その環境から抜け出す為にブログを頑張った経験から、ブログ・Twitterに役立つ情報を発信するアカウントがこちら。

すべてのアカウントが返信できます

0　ツイートする

第２領域のブログ・Twitterに関心が高い人に向けた書き方にしている

ねらう領域はただ拡大すればいいわけではありません。**「領域を狭めたほうがエンゲージメント（反応）は上がるが、リーチできる上限にかぎりがある」**一方、**「領域を拡大したほうがエンゲージメント（反応）は下がるが、リーチできる上限が拡がる」**と、理解しておきましょう。

このトピックはやや難度が高いですが、自身のツイートがどの領域まで広がっていく必要があるのか意識してツイートできれば、運用の幅は一気に広がります。

05 何をツイートするか練ってみよう

Point!!

- ネタは自分のブランディング軸にあわせる
- ネタはターゲットユーザーの需要があるもの
- ツイート目的からネタを逆算する

自分のブランディング軸にあわせる

ツイートのネタは、ここまでで解説した「目的」「ターゲットユーザー」「いつ」「領域」を踏まえつつ、ブランディング軸に沿ったものにします。**自分のアカウントに関係ないツイートをしても伸びません。**

たとえば私なら「努力」「ブロガー」でブランディングしているので、ここに沿った軸でツイートするようにしています。

具体的には次のようなツイートです。努力を肯定したり、努力する意義に関するツイートは反応率が高くなりますし、新規フォロワーの獲得にも繋がりやすくなります。

◎ **自分のブランディング軸にあったツイート例**

アフィラ@鬼努力5年目ブロガー @afilasite · 1月6日
何でそんなに頑張れるんですか？

これ、よく聞かれるんですが、私みたいな凡人は才能も無ければ、家柄が特別な訳でも無いし、資産がある訳でもない。自分の能力の低さをよく理解しているんですよね。才能も何もない凡人なら、せめて努力くらいするしかない。そんな感じです、頑張るしかないでしょ！

39 8 334

ブランディング軸のひとつ「努力」を思いっきり深堀りしている

ネタはターゲットユーザーに需要があるもの

ターゲットユーザーに需要のある内容をツイートするのが基本です。ユーザーが知りたいことを予想して、それにあわせてツイートをつくります。

たとえば次のツイートは、Twitter運用開始から半年経過した時点の私のツイートですが、5カ月前の心境について投稿しました。今と比較して過去はどんな心境だったのか？　とか、Twitter1カ月目の人へのアドバイスといった要素が含まれており、自身のフォロワーが持つニーズにあっているかなと予想して投稿した結果、かなり拡散されるツイートになりました。

◎ **ユーザーが知りたいことを予想したツイート例**

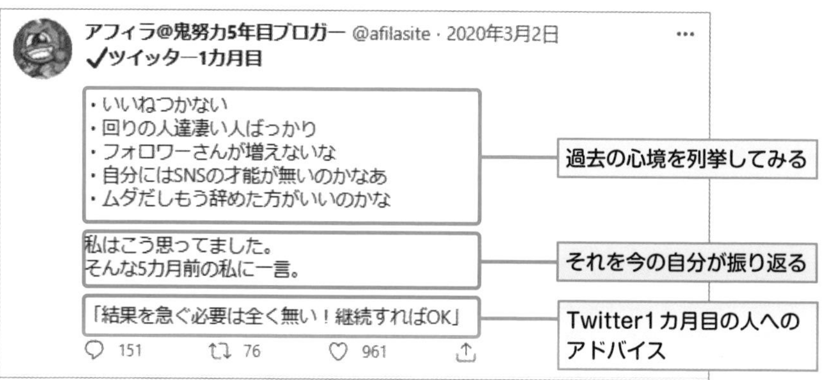

目的からネタを考えていく

ツイートの目的から内容を決めていくことは基本です。目的なくツイートをすることはありえません。

たとえば「フォロワーとの交流」を目的にするのであれば、次のような**質問する文面のツイートが有効**です。**交流目的のツイートは、フォロワー（第一領域：Chapter5-04参照）からの反応があればいいので、インプレッションや新規フォロワー増に繋がらなくてもOK**です。交流することでファン化を進め、フォロー継続率アップや今後のツイートのエンゲージメントを高めるのがねらいだからです。

◎ 交流を目的としたツイート例

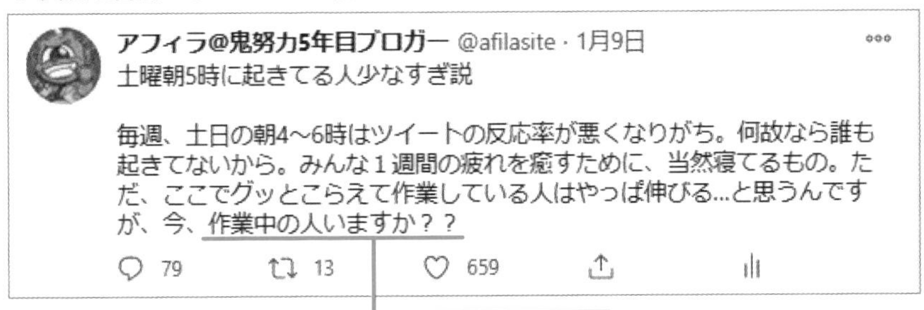

常にツイートごとの目的を意識して、ツイートネタを考えるのが、アカウントを伸ばすために必要な思考です。

◎ ツイートネタの探し方５選

ツイートネタの探し方は次の５つです。

❶ 自分の強みを生かす
❷ 他コンテンツを流用する
❸ 過去ツイートをリライトする
❹ メモ帳からネタを出す
❺ 本や動画から影響を受ける

ツイートネタは思いつきだけではなく、このパターンなら無限につくることができるというものを用意しておくと、毎日ツイートが継続できるようになりますよ。

06 ツイートにはどんな表現があるか知っておこう

Point!!

- ツイートには型・表現がたくさんある
- 自分でツイートの型を試行錯誤する
- タイムラインから流行りの型を見つけ出す

ツイートの型を知る

ツイートはある程度、**自分の型を用意しておくとつくりやすいですし、改善しやすくなります。**また、タイムラインで流行っている型や、表現を抑えておくのもいいですね。

では具体的にどんな型、表現があるのか見ていきましょう。

たとえば次のような、「タイトル＋箇条書き＋まとめ」のような構成の型です。また、**見出しと【 】をつけるという表現**も覚えておくといいです。

◎「タイトル＋箇条書き＋まとめ」のツイート例

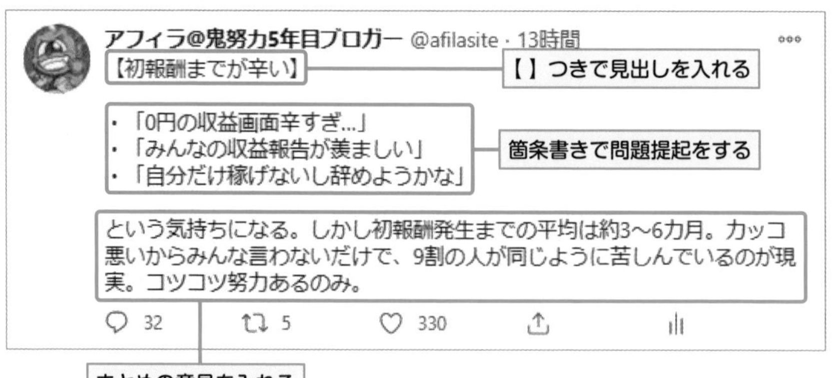

ほかにも、次のような**改行なしで１日の出来事を追っていくツイートの型**など、型はたくさんあります。

◎「改行なしで１日の出来事を追っていく」ツイート例

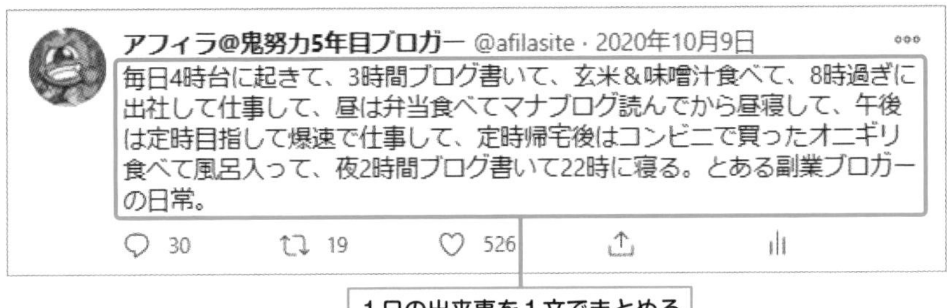

自分のいるジャンルによって伸びる型や表現は変わります。**自分で投稿して調べたり、流行りを常に模索して、どんな型でツイートするか考えておく**ようにしましょう。

具体的なツイートの型

Chapter5-07 ～ 5-13で、代表的なツイートの型を掲載しているので、まずはその型を活用して実践してみましょう。その後、さらに細分化した型を自分で模索していくと、伸びるツイートを連発できるようになります。人によってツイートのクセは異なり、**自分のクセでウケがいいものを模索するほうがアカウントを伸ばしやすいです。**

具体的にどうするかというと、**Twitterアナリティクスのデータ分析をし、インプレッション数、いいね数、プロフィールクリック数が多いツイートの共通点を見出していく**ことです。そのデータから仮説が得られれば、再実践することで本当に伸びるかどうかがわかってきます。このように仮説検証を繰り返し、自分だけのツイートの型をつくります。つくった型はメモ帳に保存し、何度も使えるようにしておくのがお勧めです。

07 みんなが役立つ情報をツイートしよう(有益ツイート)

Point!!

- **集客がメインの目的**
- **価値の高い情報や考え方のツイート**
- **有益ツイートが少なくなると危険**

集客がメインの目的

まず、**フォロワーを増やす基本ツイートが「有益ツイート」**です。価値の高い情報や、考え方を発信するツイートを指します。内容がいい場合はリツイートを獲得されやすく、それに伴いインプレッション数の拡大が見込めます。また、アカウントが発信する情報の希少価値を高められるので、フォロー率アップにも繋がります。

私のメインアカウントでは、努力・継続を軸にして発信しているので、習慣化の方法の有益ツイートを投稿しています。これが料理系のアカウントなら、美味しい料理のつくり方が有益ツイートになります。具体的には次のようになります。

◎ 有益ツイート例

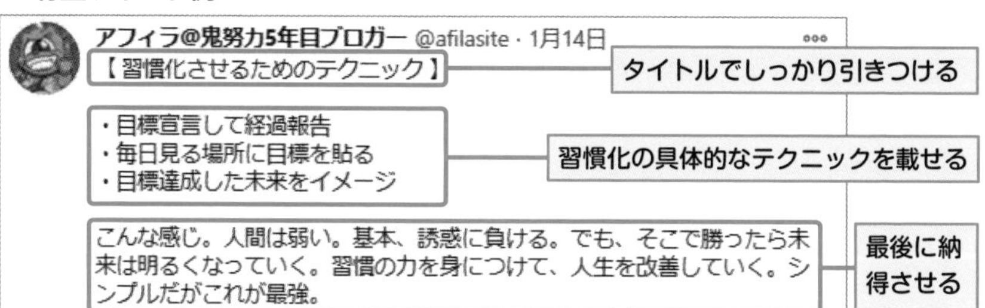

どんなツイートをすればいいか？

自分のアカウントで主に発信しているジャンル（1～3個）のツイートネタにします。私の場合なら次のとおりです。

アフィラの主に発信ているジャンル

- 努力・継続論
- 朝活
- Twitter運用

具体的なツイートは次のとおりです。

◎ 努力・継続論のツイート例

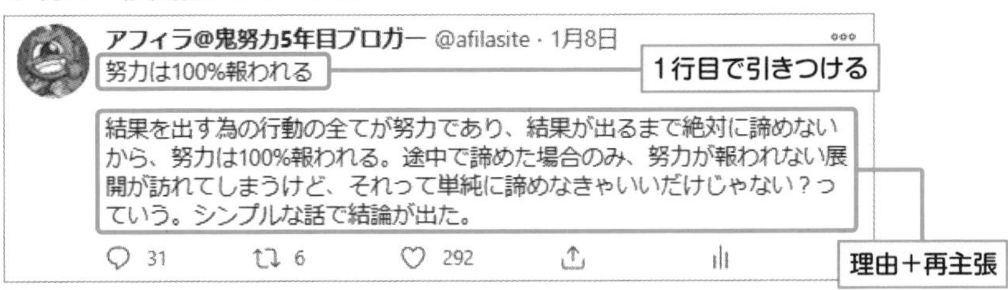

◎ 朝活のツイート例

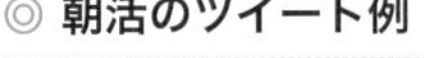

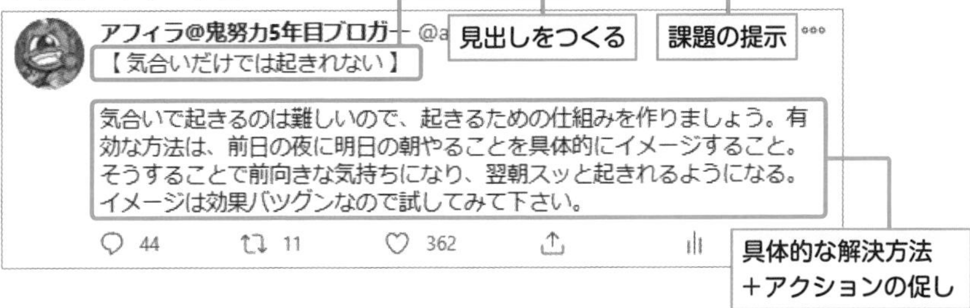

◎ Twitter運用のツイート例

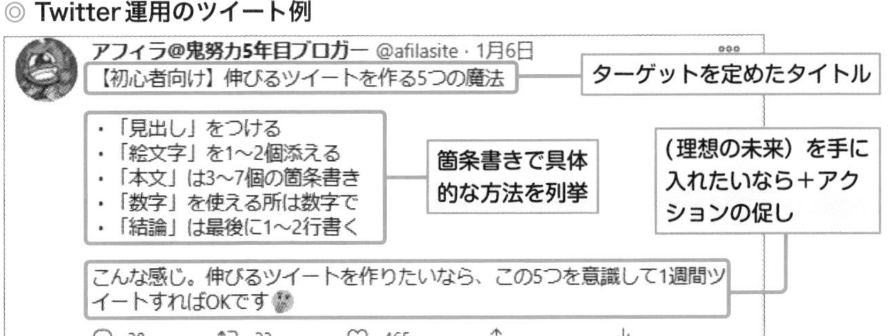

ジャンルを絞らないとフォロー率が下がるのと、フォロー解除率が高くなります。**何について発信するアカウントか決めるのが基本なので、そのジャンルで役立つツイートをしていきましょう！**

有益ツイートが少なくなると危険

この有益ツイートが少なくなると、フォローを継続している理由がなくなります。そうなるとフォローを解除される可能性が高くなるので、**有益ツイートは基本、毎日投稿する**ようにしておいたほうがいいですよ！

ツイートを毎日投稿するための秘訣については、Chapter7-04でもさらに詳しくお話ししています。

有益ツイートをつくる3つのコツ

そうはいっても、最初から有益ツイートを大量作成するのは難しいかもしれません。そんな人向けに、有益ツイートをつくるためのコツを３つ紹介します。

❶ タイムラインで伸びているツイートを把握する
❷ リプライや引用リツイートのコメントを読み込む
❸ フォロワーのツイートを見にいく

まず❶については、**Twitterのタイムラインを見て、今どんなツイートが伸びているのかを把握**しましょう。単純にいいね数・リツイート数が多いツイートは多くの人が関心を持っているツイートとなります。続いて、❷についてですが、自分の過去ツイートのリプライや引用リツイートでの声は、ユーザーのリアルな声が書かれています。**読み込むことで、「こんな情報も役立ちそう」と気づく**ことができます。最後に、❸についてですが、**フォロワーのツイートにはリアルな悩みや、今関心を寄せていることが書かれています**。ツイートをつくる際はユーザーを想像するのが大切と話しましたが、フォロワーのタイムラインにはその答えが書かれています。読み手に対する理解が深まるので、いいね・リプライの多いツイートを見にいくようにしましょう。

08 多くの人が共感できるツイートをしよう（共感ツイート）

Point!!

- 多くの人の共感を呼ぶツイート
- いいねが獲得しやすい
- 運用目的別の使い分けを考える

多くの人の共感を呼ぶツイート

共感ツイートは、有益ツイートとともにフォロワー数を増やす基本的なツイートです。読み手の共感を呼ぶツイートを投稿することで、いいね数が増えやすく、拡散されやすくなります。

たとえば、次のようなツイートです。これは朝活勢に向けた、「Twitterで朝活勢の繋がりをつくることはいい」という内容の共感ツイートです。**自分が思ったことは、同じ属性のフォロワーからも共感を得やすい**ので、伸びやすい共感ツイートになります。

◎ 共感ツイート例

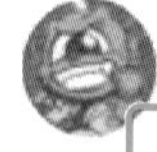

アフィラ@鬼努力5年目ブロガー @afilasite · 2020年3月16日

朝活始めて4年くらい…？なんですが、5時でもこんだけ多くの朝活勢がいるとほっこりしますね（笑）

最初の3年はマジでコンビニの店員さんくらいしか、周りでは起きてなくて、孤独にPCカタカタやってましたから。

そういう意味で朝活勢と繋がれるタグや、フォロワーさん同士の繋がりは良いですね👍

132　26　615

自分が思ったことを素直に表現する

いいねを通して共感の輪が広がり、同じ価値観を持つ人が新たにフォロワーとして加わります。それを**継続して繰り返していくと徐々に自身の影響力が高まるのがTwitterのしくみ**です。

集客ツイートと同様に、共感ツイートの内容も自分が主軸にしているジャンルのものにしたほうがいいです。ブロガーなら「ブロガーあるある」、YouTuberなら「YouTubeあるある」といったぐあいに、共感ツイートのジャンルを絞ったほうがフォロワー属性をそろえられるので、影響力が高まりやすくなります。

いいねを獲得しやすい

共感ツイートはいいねを獲得しやすいですし、ファン化も進みやすく、**自身の活動を応援してくれるフォロワーを集めることができます**。何かで権威性を出したり、物を売るのではなく仲間を増やしたい場合は、「共感ツイート」をメインにTwitter運用をしていくようにします。

運用目的別の使い分けを考える

Twitterを伸ばそうと思ったら、「有益ツイート」か「共感ツイート」のどちらかを多くするのが基本です。Twitterアカウントを「伸ばしたその先で何がしたいのか？」で、どちらの比重を多くしたほうがいいのかを考えておくべきです。**最終ゴールがノウハウ販売などであれば、共感ではなく有益を重視してアカウントを伸ばしていかないと売れない**です。逆に**同じ価値観の仲間づくりがしたいのであれば、有益ツイートではなく共感ツイートをガンガン発信したほうが繋がりが広がります**。ここを理解していないと、フォロワー数は増えたけど目的は達成できてないという悲惨な状態になります。運用目的から逆算して、ツイートのバランスを考えていきましょう。

運用目的別の使い分け

- **知識が深い人と繋がりたい ⇒ 有益ツイート を増やす**
- **同じ価値観の仲間がほしい ⇒ 共感ツイート を増やす**

09 誰かを笑わせられるツイートをしよう（エンタメツイート）

Point!!

- エンタメ系のクスッと笑えるツイートは伸びやすい
- バズったときの最大値がデカい
- つくるのは難しいので得意な人向け

エンタメ系のクスッと笑えるツイートは伸びやすいツイート

有益ツイート、共感ツイートのほかに、エンタメ系のツイート（ネタツイート）も伸びやすいツイートのひとつです。内容を考えるのが難しいのであまり投稿されていませんが、**バズっているツイートはエンタメ系が多い**です。

秀逸なエンタメ系ツイートは拡散されやすいうえに、地頭のやわらかさやオリジナリティを発揮できるので、ネタを考えるのが得意な人には向いています。たとえば、次のようなツイートですね。

◎ **エンタメ系のツイート例**

アフィラ@鬼努力5年目ブロガー @afilasite · 2020年2月24日
☑Twitterとは

「オカンがな、今熱いSNSを忘れたって言うててね」

「どんな特徴か教えてよ」

「何かね、誰でも自由に発信して凄い人にも絡めるらしい」

「Twitterやないかい」

「でもなオカンが言うには、アンチとか、変な人は全くいない平和な世界って言うねんな」

「ほなTwitterとちゃうかあ」

95 35 632

バズったときの最大値がデカい

エンタメ系ツイートの最大の特徴は、**バズったときのリーチできる最大値が大きいことです**。笑いは万国共通というように、属性に関係なく楽しめる（価値を感じる）というのが魅力的ですね。

Twitterはフォロワー数が少なくても、ツイートがひとつバズれば1日で1,000フォロワー増やす人もいるくらいなので、エンタメ系ツイートで一発をねらうのもありです。センスが求められますが、ネタツイをつくるのが好きな人はアリですね。

Tips 有益ツイート・共感ツイート・エンタメツイートの割合

有益ツイート、共感ツイート、エンタメツイートの3種類が基本的なツイートとなります。**商品やサービスを販売するビジネスアカウントの場合、バランスとしては、有益ツイート7割、共感ツイート3割に**しましょう。エンタメツイートは思いついたタイミングで投げて、運よく伸びたらいいなという感じです。

Tips エンタメがねらえる人は強い！

ただしねらって設計できるなら、エンタメツイートは強いです。4コママンガで起承転結がしっかりしているツイートや、面白いツイートを連発するインフルエンサーは昔から多く存在しています。

最近では芸人さんのTwitterも多くなっており、めちゃ面白いです。もし、笑いで伸ばしていきたいならば、そのあたりを研究して運用に取り入れてみると、思いもかけないスピードでフォロワーを増やしていけるかもしれません。

10 みんなと盛りあがるツイートをしよう（企画ツイート）

Point!!

- 企画ツイートでフォロワー数を増やせる
- 140文字で簡潔にメリットを示す
- アイデア次第でめちゃくちゃ効果あり

何かを記念してTwitterを通してできる企画ツイート

たとえば、フォロワー数がキリ番を達成したときなどに、次のツイートのような企画をするのがお勧めです。このツイートでは、応募条件がリプライだけになっていて、フォロワーとの交流を目的とした企画になっています。

新規フォロワー獲得がねらいの場合は、「自分をフォロー」や「いいね・リツイート」を条件にするのが王道ですね。

◎ 企画ツイート例

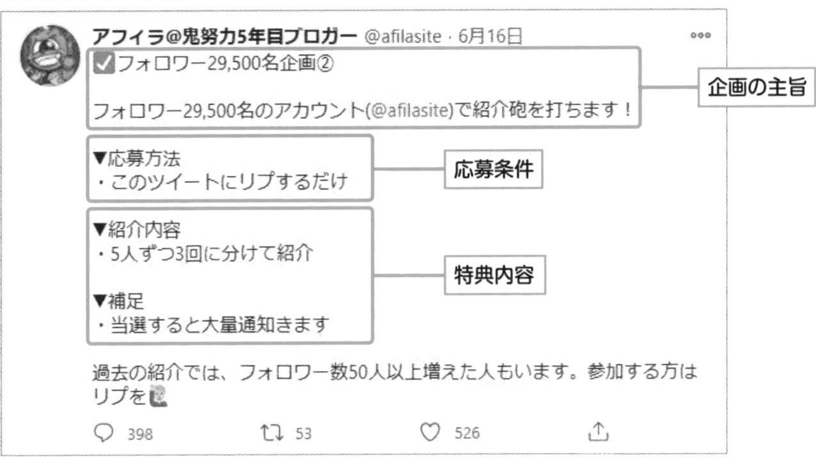

140文字で簡潔にメリットを示す

Twitter企画を実施する際は、140字で簡潔にメリットを示すようにします。まず、企画ツイートをつくる際は次の左側の8項目について考えます。これらの内容を考えたのち、実際のツイート文では右側の項目を含んでツイートするようにします。

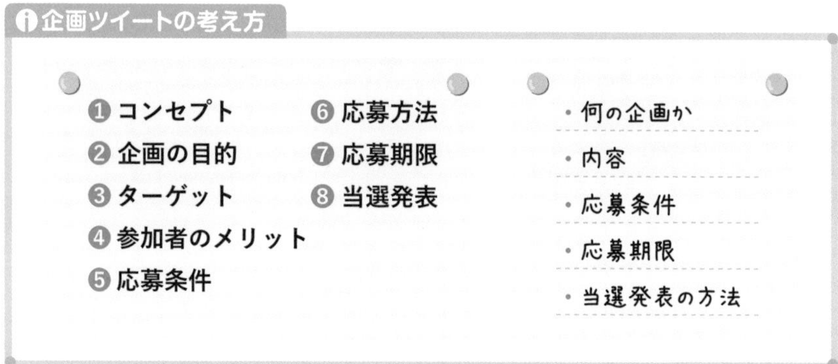

企画内容によって変える必要はありますが、上記のような項目を含んで企画ツイートをつくるようにします。

具体的には次のようなツイートになります。こちらはフォロワー数27,000名を記念して作成した企画ツイートです。フォロワー交流が目的なので、リプライだけを条件にしています。

◎ **企画ツイート例**

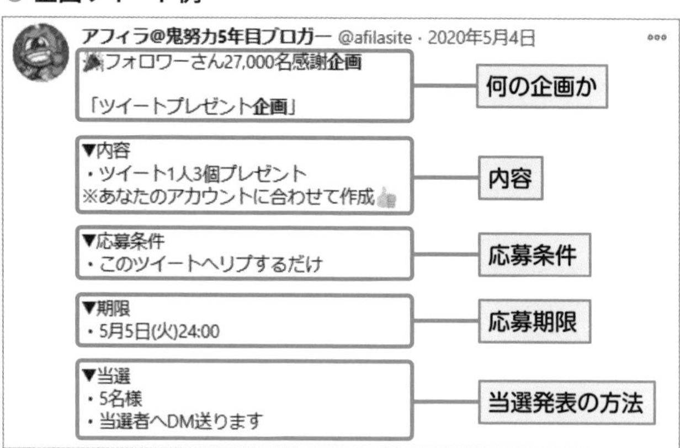

次は紹介企画ツイートの具体例です。自分のTwitterアカウントの規模が大きくなれば、アカウントを宣伝してほしいと思われることが多くなります。そういった期待に応えるために企画を実施して参加者を募り、何名かを実際に紹介してあげるようにします。

◎ **紹介企画ツイート例**

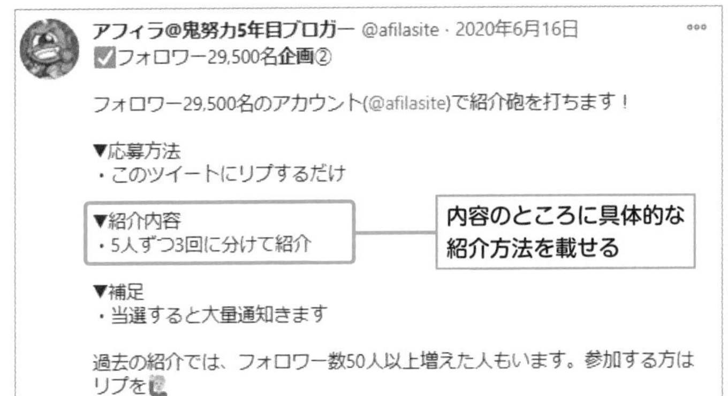

フォロワーの企画で、こんな面白い企画もありました。企画ツイートはアイデア次第でフォロワー数が少なくても大規模なインプレッションが望めるので、自分なりの企画をつくってみましょう。

※ 真似した企画は基本伸びにくいです。自分のアカウントにあった企画オリジナル企画を練ったほうが効果的です。

◎ **プレゼント企画ツイート例**

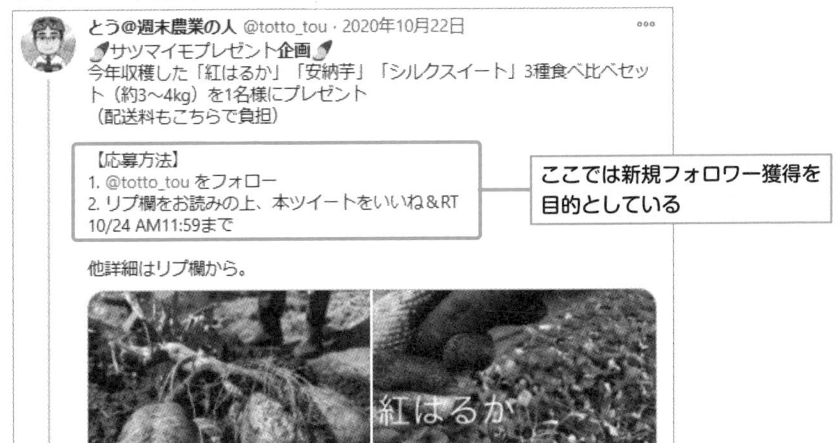

Chapter5　ファンを獲得するためのツイートのしかた

11 自分のコンテンツを紹介しよう（宣伝ツイート）

Point!!

- **ブログなどの外部コンテンツを宣伝するツイート**
- **リンク先に画面が遷移するので、反応率が落ちやすい**
- **メインの目的でも回数が多すぎるのは注意**

自分のコンテンツを宣伝するツイート

宣伝ツイートは、自分の商品やコンテンツを紹介するツイートになります。

フォロワーのニーズとマッチした場合は、宣伝ツイート自体が強力な有益ツイートになることがあります。**フォロワーニーズとマッチした商品やコンテンツを宣伝するのが基本**です。

たとえば右のようなツイートになります。

◎ 宣伝ツイート例

アフィラ@鬼努力5年目ブロガー @afilasite・2020年6月13日
新記事公開しました😁

／
【パクってOKです】
ブログ記事タイトルの
具体例195個一覧まとめ
＼

▶悩み
・記事タイトル具体例が沢山知りたい
・ブログタイトルの付け方がわからない
・検索1位を狙うタイトルの具体例が知りたい

こんな悩みを解決です👍

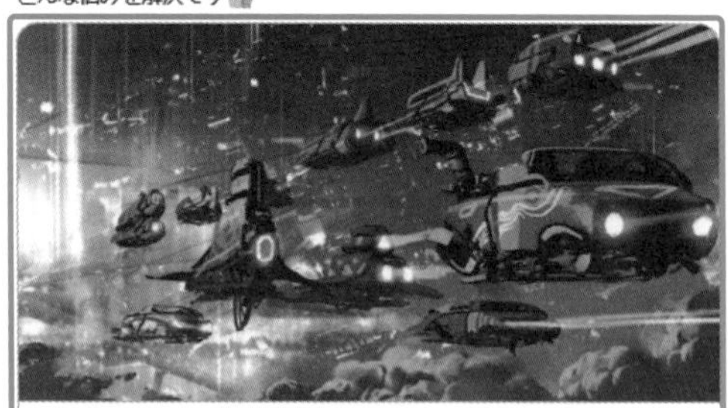

ブログ記事タイトルの具体例195個一覧まとめ【パクってOKです】
検索1位を狙うタイトルの具体例が知りたい ブログタイトルの付け方がわからない 記事タイトル具体例が沢山知りたい こんな悩 ...
afila0.com

ブログ記事を宣伝している

◎ URLを表示させずにリンク付きツイートする方法

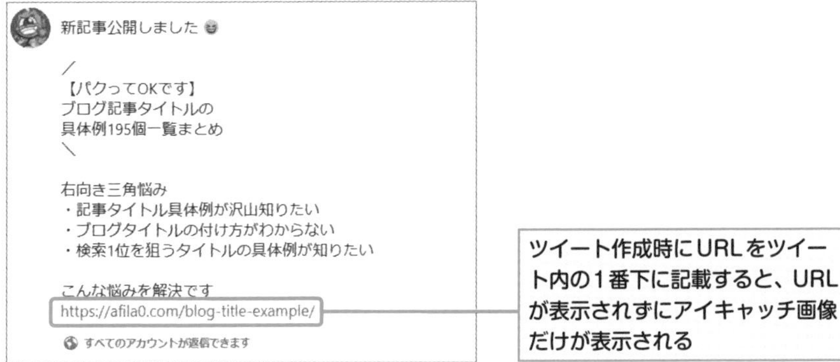

リンク先に画面が遷移するので、反応率が落ちやすい

宣伝ツイートは一般的に反応が低くなります。その理由はTwitterからリンク先にユーザーは移動して、Twitterに戻ってこないからです。記事を読んで、いい内容だったからTwitterに戻ってきて「いいね」を押すという行動フローは起こりにくいので、いいね・リプライ・リツイート数は下がります。

しかし宣伝ツイートの目的は、コンテンツに興味を持ってもらい、見てもらうことなので問題ありません。**宣伝ツイートの目的はいいねを増やすことではなく、コンテンツを見てもらうこと**にあります。

メインの目的でも回数が多すぎるのは注意

ブログを見てほしい、商品を売りたいといったことを目的にする人は多いですが、宣伝ばかりすると嫌われます。**宣伝ツイートの数は全体の10%以下に抑え、過度な煽りは控えましょう。**

Twitter運用で失敗する人の1番の原因がここです。**無料・有料問わずコンテンツの宣伝は最低限に留め、興味がある人だけがコンテンツを見られる状態にする**のがいいですね。

コンテンツの宣伝ばかりをしすぎると、今まで応援してくれていたフォロワーを失い、アカウントが潰れます。企業案件のPRや自分のコンテンツのPR量の調整は徹底してください。

12 ブランディングをしていこう（ブランディングツイート）

Point!!

- **プロフィール情報で人間味を出していく**
- **ツイート頻度は少なくてもOK**
- **既存フォロワーのファン化を高めるねらい**

プロフィール情報で人間味を出していく

ブランディングツイートは、プロフィール情報を開示することでフォロワーとの距離を縮めるねらいがあります。

型は階段自己紹介が使いやすくてお勧めです。どんな人なのかわかることで親近感がわき、より好意的に思ってもらえます。それ以外に、どんな活動をしているのか？　過去に何をやってきたのか？　といった内容も、自分を知ってもらうために投稿してもいいですね。

具体的には次のようなツイートになります。

◎ **階段自己紹介型ブランディングツイート例**

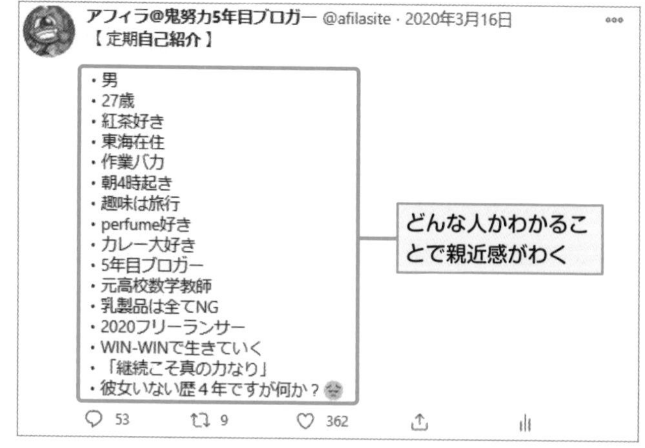

ツイート頻度は少なくてもOK

ブランディングツイートはいいね数もリツイート数も伸びにくいので、基本的には投稿しなくてもOKです。ただしブランディングツイートがないと、その他大勢との差別化が難しくなるので、たまには自己開示をして発信者の顔が見えるような運用を心がけておいたほうがいいです。

逆に、**日常や自己開示ばかりするのはTwitter運用ではNG**です。徹底して価値提供に重きを置き、週に1回程度のペースで自己開示をするのがお勧めです。

既存フォロワーのファン化を高めるねらい

ブランディングツイートのねらいは、既存フォロワーのファン化です。だからこそ、いいね数・リツイート数とかにこだわる必要はなく、自分を知ってもらうという点に意義があります。

ファン化が進むと自身のアカウントに対してより好意的になってもらうことで、拡散などの支援をしてもらえます。また、人間味を出すことでより交流しやすくなるので、こういったツイートを時折混ぜておくのが有効になります。

複数のツイート要素を混ぜて伸ばすテクニック

やや高度ですが、複数のツイート要素を混ぜて、伸びやすくするテクニックがあります。具体例として、ブランディングツイートをベースとした有益要素も混ぜた次のようなツイートです。

アフィラ@鬼努力5年目ブロガー @afilasite · 2月10日
私はまあまあな凡人です。中学の成績はオール3。高校は偏差値52の普通科。大学は普通の国立大学。卒業後は高校数学教師⇒県職員。この経歴だと、めっっちゃ普通に凡人なんすよね。そんな私がガチで5年ブログ書いて、Twitterをやったらここまで辿り着けた。努力ゲー過ぎる
54 28 853

このツイートは、前半はほぼ自己開示であり、何の有益性もありません。ブランディングツイートとしては人柄がわかるのはいいですね。後半の文は有益ツイートになっており、5年間のブログ継続やTwitterで努力したことによって結果を出すことができたという励ましになっています。このようなハイブリッド型は伸びるので参考までに。

13 Twitterで物語を綴ろう（ストーリーツイート）

Point!!

- 自分が現在進行形でやっている活動をツイートする
- 誰にもマネできない完全オリジナルなところがいい
- Twitterは応援したい人であふれている

自分が現在進行形でやっている活動をツイートする

自分の活動をストーリーコンテンツとしてウリにしていく手法です。自身の活動を応援してくれる人を純粋に集められるのがポイントで、アカウントを伸ばしていくのにプラスとなります。

具体的には次のようなツイートです。

◎ 現在進行形でやっている活動のツイート例

アフィラ@鬼努力5年目ブロガー @afilasite · 2020年12月2日

Twitterで5,000フォロワー・ネットで月5万の副収入が得られたら、控えめに言って**人生が激変します**！って事で、2021年はこれを実現できる人を増やしていく予定！

Twitter・ブログ等でこの目標を達成する人を増やし、自分の周りを楽しく生きている人ばかりにする。そうすると、自分もきっと楽しい。

53 9 499

自分の活動の主旨と夢を語る

誰にもマネできない完全オリジナルなところがいい

ストーリーツイートは、自分の過去や未来を物語調で語るツイートです。その性質上、ほかの人と被らない完全オリジナルツイートとなるのがいいです。人は成功へと繋がる物語が好きなので、個人の成功ストーリーを見ることに関心があります。**自身の活動を物語調で定期的にツイートしていくことで、フォロワーに価値提供することが可能**です。

またストーリーツイートは、自身のブランディング確立にもプラスに働くので、週に1回以上のペースで積極的に投稿していくようにします。

◎ 自分の過去や未来を物語調で語るツイート例

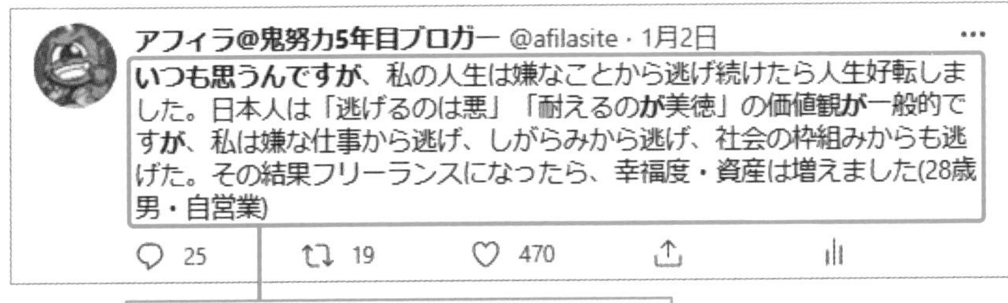

Twitterは応援したい人であふれている

Twitter上には、誰かを応援したい人があふれています。

先ほどの「自分の過去や未来を物語調で語るツイート」で、自分の活動や過去の物語に価値観や知見を上乗せしてツイートすることで、共感を生むことができます。

その次のステップとして、今後何かに挑戦する場合は、そこに向きあう気持ちやその過程を発信すれば応援してもらうことができ、活力になります。結果的にフォロワー数も増えていくので、**自分の挑戦の物語をTwitterで発信していく**のはお勧めです。

14 120～140文字で情報を込めてツイートしよう

Point!!

- ツイートは120～140文字がいい
- 情報量が多いといいね・リプライ・リツイートが増えやすい
- 140文字超過した内容を要約してツイート

ツイートは120～140文字がいい

ツイートは120～140文字になるように文字量を意識しましょう。実際、私のツイートはほぼ120～140文字になるよう、情報を詰め込んでツイートしています。**140文字と制限があるなかで、情報をぎっしり詰め込んだツイートは伸びやすい**ので、そのあたりをしっかり押さえてツイートしましょう。

◎ 情報を詰め込んだツイート例

アフィラ@鬼努力5年目ブロガー @afilasite・4時間

5時に起きてPCをカタカタするのは大変。だけどこれが出来るようになると、一気にインプット量・アウトプット量が増えるし、人生が好転していく。現代人は忙しすぎて本当にやるべきことに時間を割けないですが、「朝活」という抜け道が残されている。本気で人生変えたいなら、まず朝活から始めるべき。

40 8 373

140文字の中に「朝活」をやろうという気にさせる情報が詰め込まれている

85%にあたる120文字は書くようにしよう

上限が140文字なので、その85%にあたる120文字以上は書くようにしましょう。あまり短いツイートは内容が薄そうに感じるのか、いいねやリツイートが伸びにくくなります。

ツイートする際は、**いったん文字数を気にせず140文字以上でツイートを作成し、その後140文字以内になるよう調整すると濃い内容のツイートができあがります。**

具体的には次のツイートのように、書きたい内容をすべて書いてみて、文字数オーバーしている部分（実際にはピンク色の網掛けで表示される）から、削っても成立する文字を削除していきます。

◎ ツイート作成時の画面

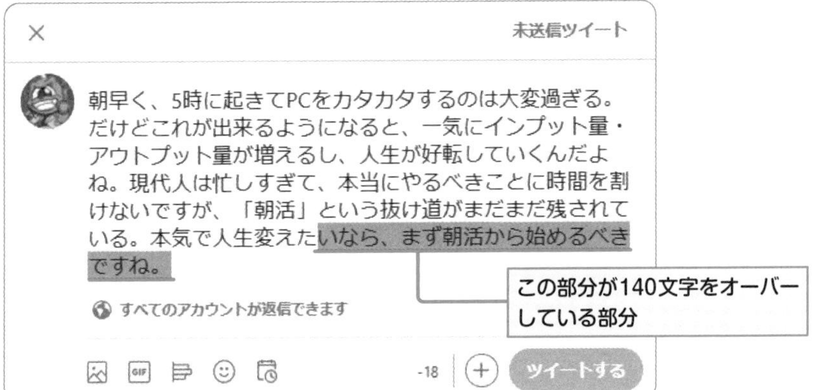

次のようなテクニックで文字数をコントロールし、140文字ギリギリになるようにします。必ずしも140文字ギリギリである必要はありませんが、文字数が多いほうが伸びる可能性が高いです。

ツイートを140文字に収める5つのテクニック

❶ 体現止め
❷ ですます削除
❸ 句読点の省略
❹ 言い回しの変更
❺ 熟語活用

Chapter 5　ファンを獲得するためのツイートのしかた

15 見やすさを意識してツイートをつくろう

Point!!

- 改行の目安は全角20文字
- スマホで見たときを意識する
- 1番よくないのは23～28文字

改行の目安は全角20文字

Twitterで伸びるツイートをつくるなら、改行の目安は全角20文字です。

ツイートをつくる際は、まずは思うがままにテキストを入力します。そのあと15～30文字の文章なら、20字文字以内に圧縮することで見やすくなります。

理由は、**スマホのデフォルト設定だと全角22文字くらいが横の最大表示数だからです。**もちろん画面サイズや設定文字サイズによってもちろん変わりますが、多くの人はデフォルトでこの表示数になっています。

そのほかスマホでの見やすさを意識したほうが、ツイートは伸びやすくなります。特にフォロワー数が少ないうちはツイートが読まれにくいので、見やすさの面だけでもまずは意識しましょう。

これもフォロワー数が増えてくると、見やすさはあまり意識しなくても読まれるようになるので、最初はがんばりましょう。

タイムラインでどう見られるのかを意識してツイートするのは、本質的にとても重要です。常に読み手の視点に立って、Twitter運用をしましょう。

◎ スマホで読みやすいツイート例

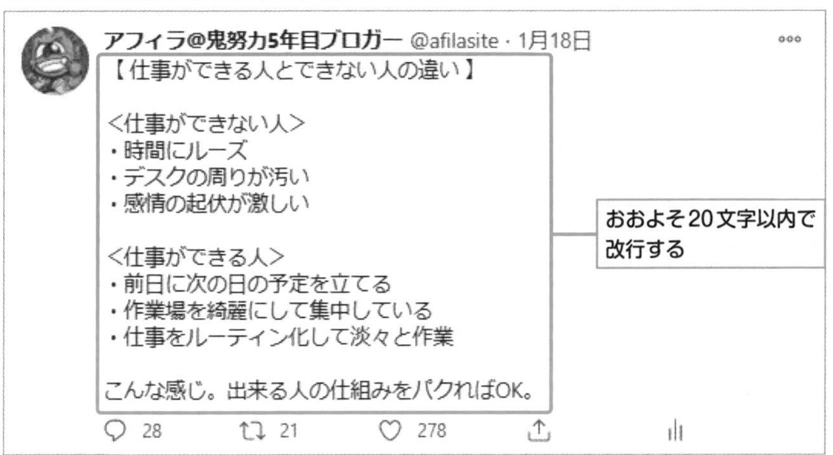

Chapter 5

1番よくないのが23 ～ 28文字

1番読みにくいのは、23 ～ 28文字程度で中途半端に折れて改行されることです。次の行の頭に、数文字だけ飛び出してまた改行されるので、とても読みにくくなります。もし23 ～ 28文字になりそうなら、文字数を足すか削るかして20文字以内にしてみましょう。

30文字以上の場合は2行に分けるか、そのまま投稿したほうがいいです。いっそのこと、改行せずに文を続けるパターンにすればそれはそれでOKなので、**中途半端に何度も切れるようにしなければ大丈夫**です。

Tips 見やすさを意識する点

絵文字やハッシュタグ、リンク付きURLの画像、引用リツイート時の表示なども意識すべきです。これは「タイムラインで見たときに読みたくなるのか？」という意識を常に持ってツイートを作成しましょう。伸びないアカウントのツイート欄はそもそも読ませる気が感じられないものばかりです。まずは人が読みたくなる見た目のツイートをつくることを意識しましょう。

Chapter5 ファンを獲得するためのツイートのしかた

16 読む人の気持ちを考えてツイートしよう

Point!!

- 読み手の状況・気持ちを考える
- 想定した気持ちをもとにツイートを練る
- フォロワーのリプライなどから気持ちを推察する

読み手の心理を意識する

ツイートをつくる際は、常に読み手の気持ちを考えるとうまくいきます。**読み手の気持ちを考えるとは、平日の朝ならどんな気持ちでいるのか？　そのときに読みたいツイートはどんな内容か？　こういったことを想定すること**です。

たとえば私のフォロワーなら、朝活してブログ・Twitterをがんばっている人が多いので、「朝５時に起きて何か作業する」くらいはがんばりたいという前向きな気持ちが想定されます。そこで次のような、「朝活」を肯定するツイートが伸びたりします。

◎ フォロワーの心理を意識したツイート例

アフィラ@鬼努力5年目ブロガー
@afilasite

朝4時30分起きは最強です。何故なら7時30分の時点で「えっ！？まだこんな時間？」って気分になれるから。

一日の時間割が「朝活」+「午前」+「午後」みたいになり、マジで長く感じるようになる。そんな朝活勢が結果を出すのは当然！ということで、本日も朝活を頑張っていきましょう

午前5:01 · 2021年1月7日 · SocialDog for Twitter

また平日の6～7時なら、仕事・会社に関する共感ツイートなどもいいですよね。こういった感じで、読み手の状況や気持ちを想像しながらツイートをつくるのが基本です。

どうやって読み手の気持ちを拾うか？

読み手の心理を理解するといっても、具体的にどうしたらいいのか難しいと感じるかもしれません。私が実際にやっているのは、リプライ欄を読んだり、フォロワーとZoomで話をしたりすることで、情報を集めています。

自分のフォロワーがどんな悩みで、どんな気持ちでTwitterを使っているのかがわかれば、このツイートがウケるかどうかがわかるようになります。

読み手の心理に響く3つのコツ

大多数の読み手の心理に響くツイートのコツが次の3つ。

❶ 日付に関連させる　❷ 時間帯に絡める　❸ トレンドに触れる

これらは多くの人がリアルタイムに感じていることなので、響きやすくなります。たとえば、次のツイートが日付に関連させたものです。

アフィラ@鬼努力5年目ブロガー @afilasite · 10時間

おはようジャパァーン！

気づけば2月中旬。これに驚きを隠せません！2021年の目標は順調ですか？

私はコツコツ進めているものの、進捗スピードが遅いので焦ってます！この段階で危機意識を持ち、目標達成に向けて習慣を改善する意識が大切なので、ガンガン改善。さて今日からまた頑張って行きましょ！

183　5　592

2月中旬に感じるフォロワー心理に共感するツイート

このように「今日から○月」「今年も残り○○」といった。日付に関連させたツイートや「仕事休憩のこの時間は○○○」といった時間帯に関連させたツイート。また、「バレンタインの今日は○○○」「もおうすぐクリスマスで○○○」といったツイートも有効です。

17 自分の色をつけてツイートしよう

Point!!

- 自分のブランディング軸をツイート内に混ぜる
- ほかの人がコピーしてもそのままツイートできないものにする
- 自分にしか発信できないツイートに価値がある

自分のブランディング軸をツイートの中に混ぜる

自分の強みからネタを探して、どんなツイートにも「自分の色」を混ぜていくようにするのがいいです。

私なら「元教員」という言葉が入るだけで、一気に「オリジナリティ＋権威性」を発揮できます。ツイートの主旨は「人生は本気でやれば変えられる」なので、誰でもツイートできますが、「教員」や「公務員に転職」「フォロワー35,000名」といった私の強みをツイートに混ぜています。

これが自分の色を混ぜるライティングです。**超重要なTwitterならではのライティング**なので、本気で伸ばしたいなら身につけてください。

◎ 自分ならではの色を混ぜたツイート例

アフィラ@鬼努力5年目ブロガー @afilasite · 12月8日
人生は本気でやれば変えられる。

23歳新卒で教員になって、ブログやる為に24歳で公務員に転職して、3年間結果出ない中でもブログを必死で書いてきた。そして27歳でフリーランスとして独立、今やTwitterフォロワー35,000名、場所も時間も自由に選べる、憧れていたブロガーになれた。夢を描こう！

44　9　382

強みをうまく混ぜる工夫をする

Twitterが伸びないパターン

アカウントが伸びないよくあるパターンは、ただの有益情報をつぶやくだけのロボットと化してしまうことです。それを解消するには、自分の色をつけて「人×情報」を成立させたツイートにしなければなりません。

さりげなく自分を出す

オリジナリティってどうやって出せばいいの？　と考えている人や、さりげなく自分をアピールするにはどうしたらいいの？　とか悩んでいる人は、このライティング術を身につけるようにしましょう。

全面的に自分語りのツイートは嫌がれることもありますが、さりげなく自分のストーリーを混ぜるツイートは逆に伸びやすいですよ。

◎「人×情報」のツイート例

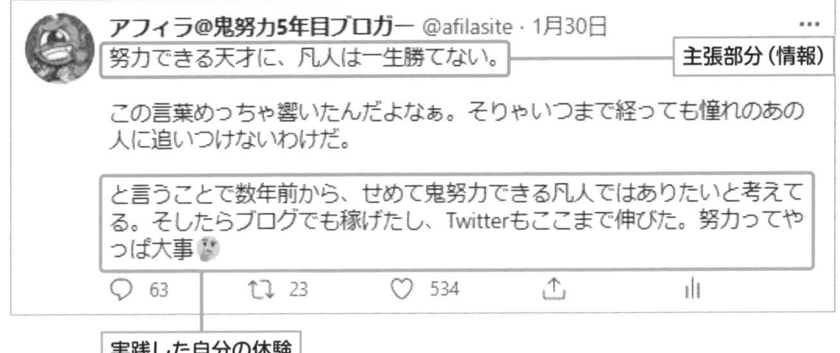

18 1ツイートで1メッセージを守ろう

Point!!

- ひとつのツイートで伝えたい主張はひとつに絞ってツイート
- メッセージが複数あると伝わらない
- ひとつの主張を理由・具体例で深堀していく

ひとつのツイートで伝えたい主張はひとつに絞ってツイート

ひとつのツイートで伝えたい主張はひとつに絞ってツイートするべきです。理由は、140文字の制限があるなかで、2つ以上のメッセージがあると訳がわからなくなるからです。これは超基本のツイートライティングですが、できていない初心者が多いです。

ツイートをつくる際に**伝えたいことをひとつに絞り、それを伝えるために理由・具体例・たとえ話を盛り込んで、140文字でツイートするという意識を持つ**ようにします。

たとえば次のツイートは、「目先の利益に囚われないことの重要さ」を主張としたツイートです。

◎ 主張をひとつに絞ったツイート例

アフィラ@鬼努力5年目ブロガー @afilasite・1月20日
【目先を捨てる思考】

「明日貰える1万円と、1年後に貰える100万円のどちらが魅力的だろうか？」おそらく100万の方が欲しいハズなんですが、多くの人の行動はそうなっていません。一方、成功者は1年後の成果が見えているので、それまで1円も入ってこなくても淡々と戦略を実行する。目線が違う。

43　15　422

伝えたいことが伝わりやすいようにストーリーを加える

メッセージが複数あると伝わらない

初心者の人がツイートをつくると、複数の主張が交じってしまい、何が言いたいツイートなのかわからなくなっているパターンをたくさん目にします。

「伝えたい1メッセージ」を決めてからツイートをつくると、伸びるツイートになります。インフルエンサーはみんな1ツイート1メッセージができているので、このルールを守っていくと成果が出やすくなります。

次のツイートは、「人生を変えるためには今がんばるしかない」という主張で一貫しています。

◎ 1ツイート1メッセージの例 ❶

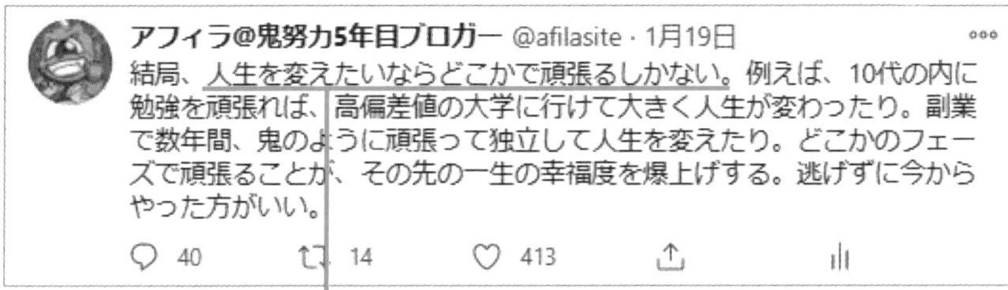

◎ 1ツイート1メッセージの例 ❷

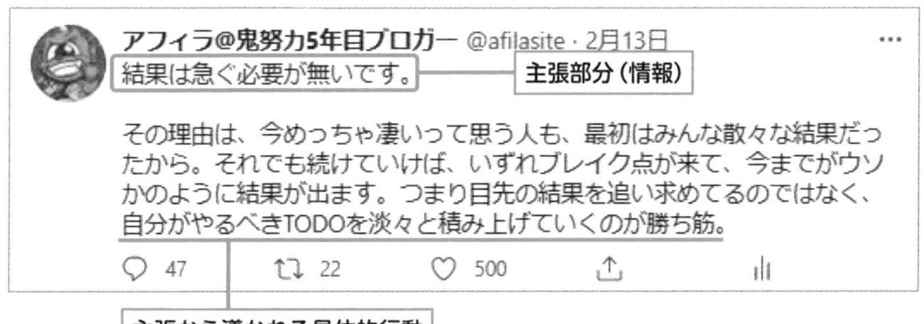

Chapter 5 ファンを獲得するためのツイートのしかた

19 アイキャッチ部分をつくってみよう

Point!!

- **アイキャッチで目に留まりやすくする**
- **1行目は15文字以内**
- **興味を引くワードを入れる**

アイキャッチで目に留まりやすくする

アイキャッチとは、ツイートの1行目にあたるところです。

次のツイートは1行目を疑問形にして、大量にツイートが溢れるタイムラインの中から反応してもらいやすくしています。

◎ 1行目を疑問形にしたツイート例

アフィラ@鬼努力5年目ブロガー @afilasite · 7時間

10記事書けたら凄くない？ ―― 1行目を疑問形にする

Twitterやってると「10記事の私なんて....収益も無いし....」って思うかもしれません。しかし『10記事書ける』って実は凄い。私はこの5年間で、"やる気ある"リアルの知人13人にブログ教えましたが、10記事まで書いたのはたった1人のみ。普通に十分凄いって話。

29　4　250

疑問系にすることで、その理由を自然と読むようにするテクニックです。セミナーなどでも「みなさんにひとつ質問があります」と投げかけることで臨場感を高めるテクニックがありますが、それと同じです。

1行目は15文字以内

1行目に結論を持ってくると、それ以降の文章も読まれやすくなります。ツイートする際には「**結論→理由→具体例→再度結論**」の順番で作成すると、読まれやすく伸びやすくなります。

また、スマホで見ると横が全角20文字程度なので、**余白を考えて15文字以内にするとスッキリして読みやすさがアップ**します。アイキャッチ部分には、簡潔でわかりやすく気になるものを書くといいですよ。

興味を引くワードを入れる

1行目は2行目以降を読んでもらうために、興味を引くワードを入れるのが効果的。たとえば、【悲しい……】とか「怒っています」のような感情ワードがあると、何があったんだろ？　と興味を引くことができます。感情ワードは共感を呼びやすく、伸びやすいので、効果的に使いましょう。

具体的には次のツイートのとおりです。

◎ **1行目に興味を引くワードを入れたツイート例**

アフィラ@鬼努力5年目ブロガー @afilasite · 6月1日

【怒ってます】 ― 1行目に感情ワードを入れる

一生懸命な人に対して、「それ意味ある？」とか、「ムダじゃんw」てきなことを言う人がリアルでもTwitterでも減りません。いい加減にしてくれ。

私の中では、そうやってモチベ下げるのは絶対悪。モチベは最大の資源ですし、ネガキャン勢は無視して目標に向かって突き進みましょ！

89　46　802

1行目に含むキーワード例

- 怒っています
- 悲しい…
- 震えています
- 衝撃的
- 【○○○】
- ここだけの話
- 損しないための○○
- 初心者向け○○
- フォロワーさん限定で
- ○○って知ってますか？
- ○○を成功させる方法とは？
- AとBどちらがいいですか？

Chapter 5

20 箇条書きを活用していこう

Point!!

- 箇条書きを使うと反応率がよくなる
- 固い文体はあまり向かない
- 要素の個数は3、5、7がいい

箇条書きを使うと反応率がよくなる

箇条書きツイートは読まれやすく、反応がよくなります。

次のような**「○○7選」のようなツイートは伸びやすい**です。このツイートは、「見出し」⇒「箇条書き」⇒「実例」⇒「アクション促し」のパターンになっています。

「見出し」＋「箇条書き」でツイートが一気に見やすくなるので、情報を整理して伝えたい場合は使えるテクニックです。

基本的には、**箇条書きで要点がスッと入ってくるようなツイート**を心掛けていくといいですよ。

◎ 見出し＋箇条書きで見やすいツイート例

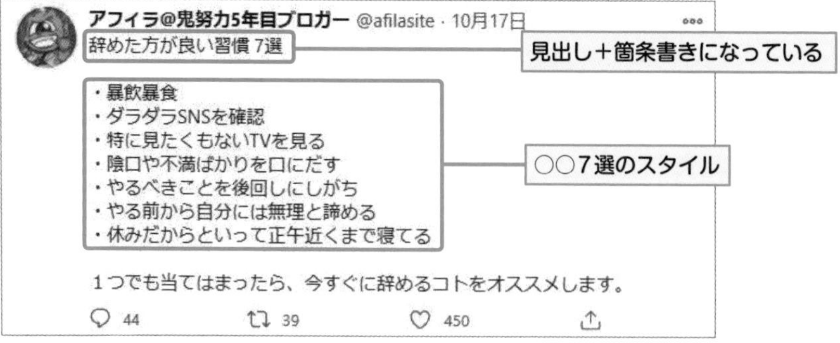

Twitterでは固い文章は嫌われる

Twitterでは、**ビジネス書などで使われているような、固い文章は敬遠されがち**です。理由は、Twitterを見ているときって、読んでいるのではなくバーッとタイムラインを見ているだけだからです。興味のない文章は読みたくないですよね。

逆に、箇条書きツイートが伸びる理由はそこにあります。情報が整理されているので、目に留まりやすいということです。**「箇条書き」を使って「パッと見」で意味が伝わる**ようにしましょう。

マジックナンバー5±2

マジックナンバー5±2とは、**箇条書きで要素を並べる際は3、5、7の数字でまとめる**のが丁度いいとされ、見やすさが増します。

箇条書きでツイートするときは、「〇〇7選」や「〇〇の特徴5つ」と、マジックナンバーを意識するようにしましょう。たったこれだけで箇条書きツイートはもっと伸びやすくなります。

◎ **7要素の箇条書きツイート例**

アフィラ@鬼努力5年目ブロガー @afilasite · 2月11日 ···
【朝活をしててよかったこと】

・気持ちが前向きになる
・朝も静かな空間に癒される
・1日の終わりの達成感が凄い
・生活リズムが整って毎日楽しい
・1日でこなせる作業量が大幅に増えた
・朝から頑張る仲間にたくさん出会えた
・時間にゆとりあると朝ごはんが美味しく感じる

特に最後が至高です

50 11 390

このように7つの要素を並べてバランスよく配置すると、自然といいね数・リツイート数が増えます。5要素や3要素の場合は、最後の文の補足を2、3行にしてボリュームを増やしましょう。

21 階段型のツイートは伸びやすい

Point!!

- 箇条書きを「文字数が少ない⇒多い」順に並べる
- 視線の動きを意識する
- いいねを押されやすくするといい

箇条書きを「文字数が少ない⇒多い」順に並べる

階段型のツイートは伸びやすいです。やり方は簡単で、過剰書きを文字数が「少ない⇒多い」の順番に並べるだけです。なぜ、階段ツイートが伸びるのかというと、タイムライン上で見たときにパッと内容が入ってきて、いいねを押しやすいからです。

たとえば、先ほどの「箇条書きを活用していこう」（Chapter5-20参照）でお話しした、「○○7選」のツイートです。箇条書きの7要素を、上が短く下が長くなるように整理していきます。こうすると見やすさがアップするので、伸びやすくなります。各項目の表現を少しずつ変えて階段状にするテクニックなので、できるだけ取り入れましょう。

階段型じゃないツイートは、視線が右に行ったり左に行ったりと何往復もして疲れるので、こういうスッキリしたツイートはTwitterでは有効なテクニックになります。

◎ **階段型のツイート例**

アフィラ@鬼努… · 2020年9月13日 ···
☑ブロガー初心者の心構え7選

・ブログの目的を決める
・本気でブログを書く覚悟
・他人の結果と比較しない
・半年～1年は継続する前提
・成果出るまでは時間かかる
・30記事まではアクセス数見ない
・50記事到達までは収益画面見ない

ブログは長期戦なので、コツコツ継続するのが最強です

9　21　246

22 誰かに問いかける強いメッセージを入れよう

- 「〜ですか？」のように質問を投げかける
- 自分と見る人の対話になるように意識
- 読み手に問いかけるツイートが有効

「〜ですか？」のように質問を投げかける

ツイートの中で問いかけを入れることで、共感を得るツイートは有効的です。

たとえば、次のようなツイートになります。「4時半起きで負けている人いない説」をテーマにしつつ、「○○最高のチャンスでは？」と問いかけのフックをつくっています。

最後に問いかけることで、ツイートを見た人は会話をしているように感じ、共感が得やすく伸びやすくなります。

◎ **問いかけるツイート例**

アフィラ@鬼努力5年目ブロガー @afilasite · 2020年2月11日
☑**4時半起きで負けてる人**いない説

長いこと朝活してるので、朝**4時半**から何かを頑張ってる**人**と交流する機会が多くあった。

その中で気づいたのは、朝**4時半起き**で頑張ってて、失敗してる**人**がほぼ皆無という事。

朝活すれば自然と強者の仲間入りできるので、控えめに言って最高のチャンスでは？？

106　73　857

問いかけのフックをつくることで共感が得やすくなる

自分と見る人の対話になるように意識

有益ツイートや共感ツイートを投げるロボットになるのではなく、**二者間の対話になるよう仕掛けるツイートは効果的**です。「？」を入れるのが１番手っ取り早いですが、話しかけるようなライティングをするのも有効です。

たとえば次のツイートのように、対話を意識して語りかけるツイートです。タイムラインに流れているのは自分語りや情報の羅列が多いので、**読み手と会話しているかのようなツイートは伸びやすくなります。**

◎ **読み手と会話しているようなツイート例❶**

アフィラ@鬼努力5年目ブロガー @afilasite · 1月16日

何をやるにしても、待ってても出遅れるだけ。良いことは何もない。とにかく今すぐにやってみる。自分で企画とかやってみた方がいいし、気になってる人には積極的にリプとか送ったほうがいい。明日変われるんじゃない。今すぐに何かを始めた人のみが変わる。何でもいいから始めてみましょう。今から。

58　13　431

読み手に問いかけるのは有効

◎ **読み手と会話しているようなツイート例❷**

アフィラ@鬼努力5年目ブロガー @afilasite · 1月29日

初心者ブロガーの方へ。

ブログ5年やってて辛いこと沢山ありました。何度も壁にぶち当たり、挫折してきました。そんな5年間で一番辛かったのは最初の30記事。書いても全然読まれないし、収益0だし辞めようかなという。そういう過去があって、今の私があります。最初は一番辛いですがファイトです

53　19　761

読み手に語りかけるのは有効

ツイートは硬い文章になりすぎず、少し砕けた文章のほうが反応率がよくなります。フォロワーと対話するような言い回しでツイートをつくるのもお勧め。ツイートの型はいろいろあるので、本書で紹介しているものを実践してみて、自分が気に入った型をさらに活用していってください。

23 「私の○○」で興味をもってもらおう

Point!!

- プロフィールクリックがなければフォロワーは増えない
- 「私の○○」と一人称を入れる
- ツイートで興味のフックをつくりプロフィールへ誘導

「私の○○」と一人称を入れる

まず前提として、ツイートで新規フォロワーを増やすためには「プロフィールをクリック」してもらわないといけません。そのためにはツイートから自分に興味をもってもらう必要があるので、自分を出していくのが大事です。

そこで「私のヘッダー」「私のプロフィール」のように、プロフィールに飛ばないと見られないものを指定するのが最も有効的です。

たとえば、次のようなツイートです。この日は私の誕生日だったのですが、「今日だけ私のプロフィールに変化が起きているらしい」という言葉で、プロフィールクリックを誘発しています。そこから、固定ツイートなどを見てもらえればフォローを獲得しやすくなります。

プロフィールにどうやって飛んでもらうか？　を考えてテクニックを駆使すると、チリツモでジワジワと効いてきます。

◎ **プロフィールクリックしてもらえるツイート例**

アフィラ@鬼努力5年目ブロガー @afilasite ·

あ、ちなみに、今日だけ私のプロフィールに変化起きているらしい

10万字のnoteを書いてたらあっという間に終わった1日ですが反響を楽しみです

今日で一区切りついたので、気持ち新たに頑張

プロフィールクリックをねらった一人称の1文を入れる

ツイートで興味のフックをつくる

たとえば次のツイートでは、「10カ月前の私はフォロワー500人」という部分に自分語りを入れており、「今は何人だろう？」と興味を持たせています。また、「自分の色をつけてツイートしよう」（Chapter5-17）や、「Twitterで物語を綴ろう」（Chapter5-13）というテクニックも活用しており、伸びやすいツイートになっています。

◎ **自分語りで興味のフックをつくるツイート例❶**

アフィラ@鬼努力5年目ブロガー @afilasite · 2020年7月9日
まずは聞いて欲しい。

10カ月前の私はフォロワー500人。ツイートしてもいいね0なんて、当たり前の日常。そこから毎日ツイートして、分析&改善を続けてきた。

何度も辞めようと思ったけど、踏ん張って続けてきた。純粋なツイート数は7,000個突破。そうして今日がある。継続して努力するのが全て。

62　17　559

ここで「今は何人？」と興味を持たせる

◎ **自分語りで興味のフックをつくるツイート例❷**

アフィラ@鬼努力5年目ブロガー @afilasite · 2月10日
人生がどうでもよくなった。私がブログ始めたキッカケはこれ。22歳の時、大して不幸でもなく幸せでもない人生に嫌気がさした。ただ自分には何の力も無いし、何者にもなれないと諦めていた。そんな退屈な人生だったので、数年間本気でやってみるかーと始めたのがブログ。その結果、今こんな感じ

29　7　422

ここでプロフィールに興味を持たせる

このように、ツイートのテクニックを複数組みあわせるのもポイントです。同じ型や言い回しだけだと飽きが生じてきてしまうので、適度に変えていくのがお勧めです。といっても、あまりキャラ変しすぎると、それはそれでフォロー解除されてしまうので、塩梅を見極めてツイートをつくっていくといいですね。

24 読み手が好む言葉をツイートに含もう

Point!!

- 読み手が好む言葉を使う
- 読み手のことを知る
- 単語の使い方でツイートの質が変わる

読み手が好む言葉を使う

ツイートをつくるときに、誰に向けたツイートなのかを考えますが、**その人が好む言葉、思わず目を引く言葉を少し混ぜるようにしましょう。**

たとえば私のフォロワーに対しては、次のような言葉を使うようにしています。

ツイートで使う言葉

ブロガー

- アクセスUP
- ブログで稼げる
- 月1万の収入
- 検索1位が獲れる
- SEO対策になる

Twitter運用系

- フォロワーが増える
- ツイートがバズる
- いいね、RTが増える
- マネタイズできる
- Twitterが伸びる

読み手が好む言葉を使うだけで、簡単にいいね数が増えてツイートが伸びていきます。どんな言葉を好むのかを考えるといいですね。

読み手のことを知る

読み手のことを知るには、フォロワーのアカウントでどんなツイートをしているか、どんなリプライのやり取りをしているかを見ればわかります。また、「ブログ　悩み」「フォロワー　伸びない」といった**悩み系のキーワードをTwitterで検索することで、リアルな悩みが見つかります。**

こういったリサーチをしておけば、どんな悩み、どんな欲求、どんな言葉を好むかなどがわかるので、細かいリサーチはとても大切です。

単語の使い方でツイートの質が変わる

たとえば次のようなツイートです。副業ブロガーをターゲットと想定して、「月３万稼ぐ」「会社のストレス」「仕事が辛い」といった単語を散りばめています。**同じ主張のツイートでも、想定する読み手によって単語の使い方は変える**べきなので、こういう細かい気遣いがツイート作成では大事です。

◎ **単語の使い方で質が変わるツイートの例**

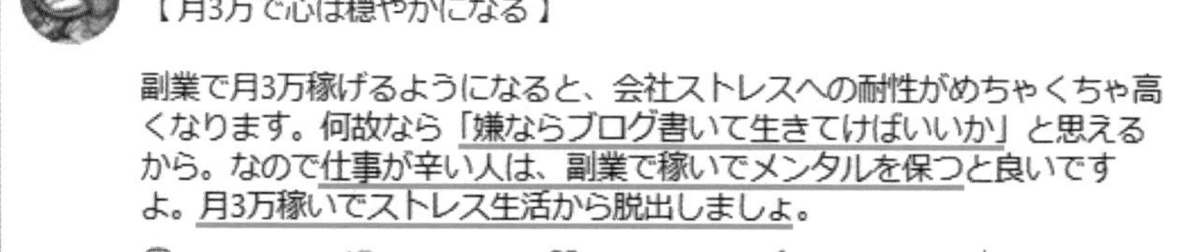

読み手（フォロワー）が慣れ親しんでいる単語を調べるには、フォロワーのアカウントタイムラインを見るのが１番です。普段からフォロワーがどんなツイート、リプライをしているか、いいね・リツイートをしているか気にかけて、感覚をつかんでおくといいです。相手のことを理解しようとする心持ちが、Twitter運用でプラスに働いていきますよ。

25 自分の強みからネタを探そう

Point!!

- 自分の強みを出すツイートはオリジナリティが高い
- ブランディングを確立しやすいので優先度高め
- ネタ出しの方法を決めておくのがいい

自分の強みを出すツイートはオリジナリティが高い

自分の強みを生かすツイートは、Twitter運用の基本中の基本です。**メインジャンルやプロフィールに記載している強みに絡めたツイートを、ガンガンする**ようにします。その理由は、圧倒的にオリジナリティが発揮できるからです。

実際、私も自分の強みを絡めたツイートを多めに出しています。たとえば次のようなツイートです。

フリーランサー1年目の私だからこそできるツイートです。このように自分の強みや肩書きを使ったツイートは、独自性が出やすく有効です。

◎ 単語の使い方で質が変わるツイートの例

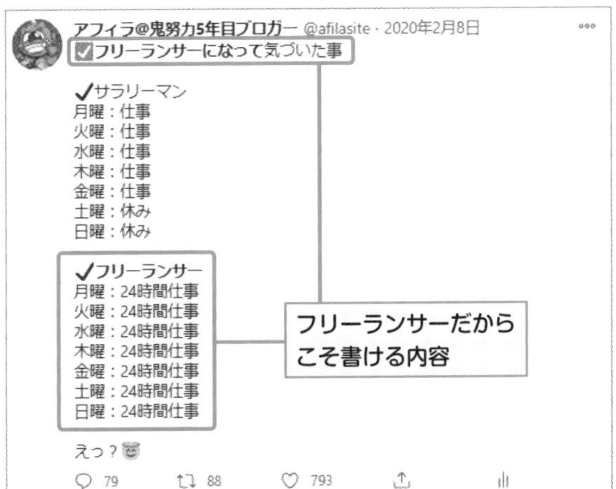

ブランディングを確立しやすいので優先度高め

自分の強み、自分の専門分野からネタを探してツイートすれば、それがそのままブランディングになります。**どこにポジションを獲るのかがアカウントを伸ばすうえで重要ですが、できるかぎり自分だけが有利な市場を獲ったほうがいいので、自分の専門分野の強みを生かしていくべき**です。

自分が世間一般に対して勝っている知識、経験、実績があるならそれを軸にブランドをつくり、ツイート内容にも織り交ぜていくようにします。

具体的なネタの探し方

では、今すぐにでもツイートをつくれるように、より具体的に作成方法を見ていきます。

ツイートにするネタ

❶ 自分が持っている珍しい経験・肩書き
❷ 自分が持っている専門的な情報
❸ 自分の得意なこと・強み

これをもとに紙に書き出したり、何かにまとめる。

❶自分が持つ珍しい経験・肩書き

- 5年目ブロガー
- 1年目フリーランサー

❷自分が持っている専門的な情報

- ブログ作業論
- 197日でフォロワー数20,000名のTwitter運用法

❸自分の得意なこと・強み

- 3つの画面デスクトップPCで高速作業
- 新アイデアを生み出すこと

こんな風に、自分の強みをまとめたシートを用意しておきます。そして実際に次のようなテンプレートにあてはめていきます。

ブログ作業を高速化する5個の方法

❶ 25分区切りで作業する
❷ カスタムマウスを活用する
❸ テンプレートをつくって使い回す
❹ 構成案をつくってから本文を書く
❺ デュアルディスプレイ（2画面）にする

※ブログ作業を本気でやってきた私だからこそのツイートが、簡単につくれるようになる

アイデアマンになるための5Tips

❶ メモを取るクセをつくる
❷ 常識の逆を考えてみる
❸ ほかのアイデアを分析してみる
❹ 別分野への応用をつねに考える
❺ AとBの知識の組みあわせを考える

※私はアイデアを出すのが得意なので、それをツイートにして作成する。

このように自分の強みシートが明確であれば、どんどんツイートをつくることができます。まだ自分の強みを書き出していない人は、まずそこからやってみましょう。

Chapter 5 ファンを獲得するためのツイートのしかた

26 自分の他コンテンツからつくろう

Point!!

- 作業効率が高まるので忙しい人にお勧め
- ほかで伸びたものはTwitterでも同じように伸びる
- 自分の発信が統一される

作業効率が高まるので忙しい人にお勧め

自分の他コンテンツ、たとえばブログやnote、YouTubeの内容を一部抜粋してツイートする作成法です。作業効率がめっちゃ高まるので副業でやっている人にはお勧めです。

例として私の運営するブログの抜粋からツイートをつくってみます。

◎ SEO対策で検索上位をねらう方法10選 ブログを伸ばしたいあなたへ

1. 記事の質を高める
2. 被リンクを獲得する
3. 検索意図を意識する
4. 定期的にリライトする
5. キーワード選定をする
6. 記事タイトルにこだわる
7. クローラビリティを意識する
8. メタディスクリプションを記入する
9. 記事作成後にインデックス登録する
10. ロングテール キーワードを意識する

自分のブログから抜粋

(https://afila0.com/top-seo-search/)

SEO対策で上位表示する方法についてまとめた記事ですが、このブログの文章をツイート用に一部変更して、140文字以内に要約して次のようにツイートします。

◎ ブログの記事を要約したツイート例

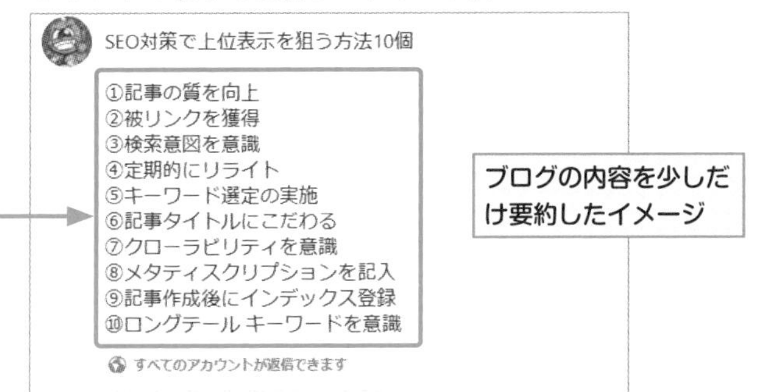

この方法はブログ×Twitterでやっている人は、ブログ記事への興味を高めることも可能ですし、やらない手はないですね。

外部で伸びたものはTwitterでも伸びる

この手法は作業効率が上がるだけでなく、伸びが確保されやすいという点にもメリットがあります。**ブログやnote、YouTube、Instagram、ラジオといったTwitter以外の発信でウケたネタはツイートで要約すればウケる可能性が高い**です。闇雲にツイートするより、ほかのメディアで伸びたコンテンツを持ってきたほうが伸びる期待がしやすいのがお勧めポイントです！

自分の発信が統一される

Twitter、note、ブログ、YouTubeと複数メディアで長く発信するようになると、どこで何を言ったかが自分でも把握できなくなってきます。そうするとTwitterとブログで言ってることが微妙に違ってくるようなことが起きてしまいがちです。

その対策として、今回紹介している自分の他コンテンツからツイートをつくる方法が有効です。**Twitter以外で発信したことをベースにツイートするので、発信がブレる心配がない**からです。

Twitterやnote、ブログ、YouTubeと、ネタは同じでも表現は変わってくるので、この違いをうまく生かすといいですね。

27 本などを読んでインスピレーション受けてツイートをつくろう

Point!!

- ツイートする前提でインプットする
- インプット内容の吸収率も上がり一石二鳥
- ツイートをつくる時間がかかるのが少し難点

ツイートする前提でインプットする

本やYouTubeなどからインプットした内容にインスピレーションを受けて、ツイートをつくるのはとても有効です。

次の順番でツイートを作成していきます。本を読んでいて得た気づきや考えをツイートする方法です。

本を読んでツイートする

本を読む ⇒ 本から得た気づき・考え をツイートする
⇒ その結果、さらに理解が深まる

本を読む際は何かツイートできる内容はないか、探しながら読むクセをつけましょう。また、知識はそのままツイートしても伸びにくいので、自分なりの解釈をプラスして、メッセージ性をプラスしたほうが伸びやすくなります。

たとえば次頁のツイートは心理学に興味を持って何冊か本を読んで感じたことに、自分の考えをプラスしてつくったものです。

◎ インプットしたものに自分の解釈をプラスしたツイート例

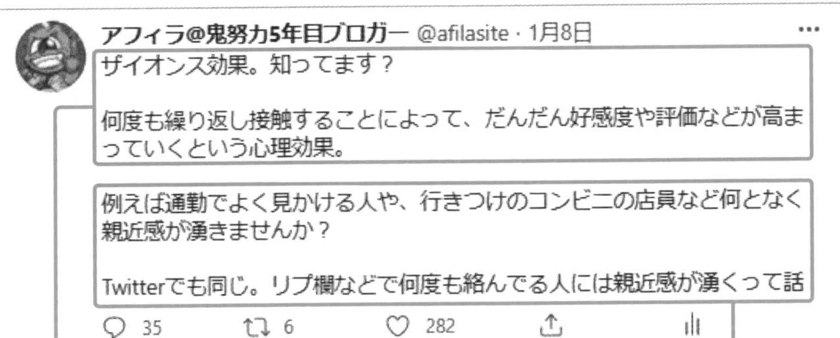

インプット内容の吸収率も上がり一石二鳥

本やYouTubeなどで学習しようとしても、1度見ただけではなかなか覚えられません。

そこで学習した内容をTwitterでアウトプットすることを習慣化することで、内容を反芻することができます。ツイートもつくれて、学習効率も高まるので一石二鳥です。

ツイートをつくる時間がかかるのが少し難点

ただし、本やYouTubeを見てからツイートをつくる方法は、ほかのつくり方に比べて時間がかかるのが難点です。インプットする目的が別にあって、ついでにツイートをつくるという感覚で、トータルしたら効率がいいととらえましょう。

基本のツイート作成は本書で紹介している別の方法を用い、何か新たに勉強したことがあれば、そこから学んだことや刺激を受けて考えたことをツイートするのがいいです。

28 日常体験の気づきをネタにしていこう

Point!!

- リアルタイムの気づき・考えをツイート
- 常日頃から発信者視点で考える
- 思いつきツイートは伸びにくい

リアルタイムで考えたことをツイート

何か自分が本気で取り組んでいることや日常の気づきを言語化してツイートするのは、気持ちが入るのでいいツイートがつくりやすくなります。

たとえば次のツイートは、Twitterのコンサルティングをしたあとに思いついたツイートです。常に人間は何かしら考えているものなので、その考えを元ネタにしてうまく言語化すれば、ツイートは無限につくれます。

◎ 日常の気づきのツイート例

アフィラ@鬼努力5年目ブロガー @afilasite・1月7日

あ、この人伸びるなーって思うのは、過度に結果を期待してない初心者の人。初心者であることの弱さと強さ、成功者も結果出るまで泥臭く頑張ったことを理解し、半年後、1年後に大きく結果出ればOKって考えられてる人。こういう人はめっちゃ伸びる。途中から爆伸びし始めて、気づいたら抜かされてる。

43　30　655

常日頃から発信者視点で考える

Twitterで結果を出している人ほど、Twitter中心に生活をしています。具体的にいうと、日常の中でこれはツイートにならないか？　とか、伸びやすいツイートネタは何か？　といつも考えています。

次のツイートは、私の公式LINE宛に来た質問に対する回答をツイートしたものです。自分の専門分野がある場合は、その質疑応答すらもツイートネタになるので、フォロワーから質問をもらってツイートをつくることも可能です。

常日頃からツイートネタがないか考え、ネタ帳をつくっておいていつでもメモを取れるようにしておきます（Chapter5-29参照）。そしてツイート作成する際に、ネタ帳から引っ張ってきてつくるといいですよ。

◎ **質問をネタにしたツイート例**

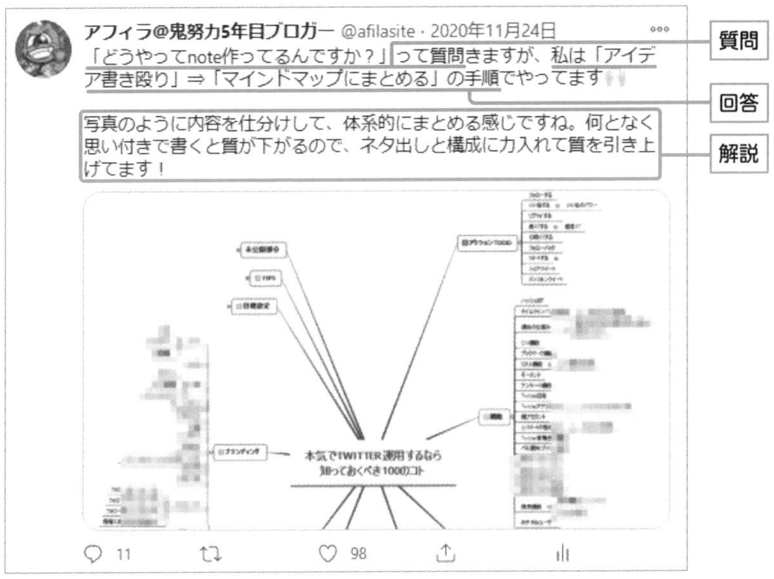

思いつきツイートは伸びにくい

ここで、ひとつだけ注意点があります。**リアルタイムで思いついたことを練らずにツイートすると、大体失敗します。**

私の場合、日曜日の午前中6時間使って1週間分のツイート70個を一括で作成しています。集中できる時間に一気につくったほうが、ツイートの質は確実に上がります。リアルタイムで思いついたネタはネタ帳にメモを取り、ツイートをつくるときに集中して細部までこだわるようにしましょう。

29 パッと浮かんだアイデアはメモを取るクセをつけよう

Point!!

- パソコンや紙にメモしておく
- いいアイデアは3分後には忘れてしまう
- 常日頃からすぐにアイデアはメモを取る習慣が最強

パソコンや紙にメモしておく

「あのときメモをとっておけばよかった」「あ〜いいアイデアだったのに忘れた」と、こんな経験は日常茶飯事ですよね。

Twitterをやっているとわかりますが、とにかくアイデアとネタが勝負です。なのに肝心のアイデアをどんどん忘れてしまう環境を放置していたら、Twitterはうまくいきません。

ツイートをつくる以前の、ネタをつくる環境から整理していく、その姿勢でTwitterを伸ばしていくようにしましょう。

具体的にはスマートフォンの純正アプリのメモ帳や、Evernote（https://evernote.com/intl/jp/）を使うのがお勧めです。**紙のメモ帳ならA7サイズが持ち運びしやすくていい**ですね。

いいアイデアは3分後には忘れてしまう

どんなにいいアイデアでも3分後には忘れてしまいます。ツイートネタを何か思いついたら、すぐにメモ帳に記録をつけるようにしましょう。

私はA7のメモ帳を作業デスク、食事テーブル、車の中、出張用のバッグ、ベッドの横にそれぞれ置いていて、いつでもメモを取れるようにしてあります。スマホやiPadでもいいので、ネタを常に記録するようにします。

常日頃からメモ帳を持ち歩く習慣が最強

メモを取る習慣を身につけることで、ツイートネタを溢れさせることができるようになります。

そして気づいたことや感じたことをすぐにメモする癖をつければ、自然とアイデアは豊富になります。**メモしようと意識すれば世界の見方も変わり、今まで以上に情報が入ってきます**よ。

◎ **メモからツイートをつくる流れ**

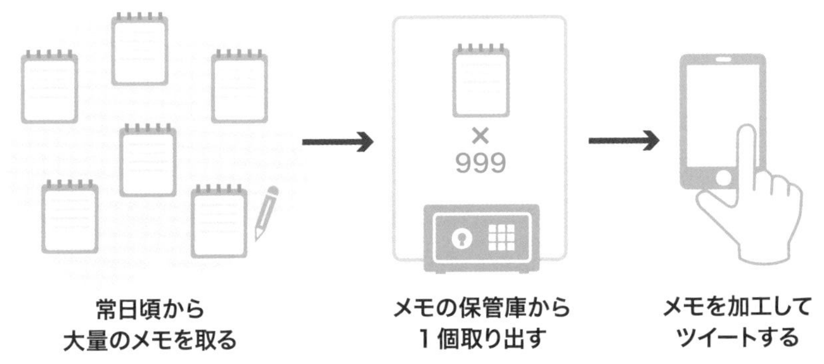

Twitterは最低でも毎日3ツイートしたいので、事前にネタ帳を用意しておかないとすぐにネタ切れになります。

どうすればメモを取れるようになるかといえば、単なる習慣です。

まずは今すぐメモアプリかメモ帳を用意して、この本を読んで考えたこと・生かしたいと思ったことをメモしましょう。

その流れで、毎日5個のメモを取り続け、ツイート作成時はメモ帳を開きながらつくるようにすると、序盤のネタ切れを解消することができます。

30 PREP法でわかりやすいツイートをしよう

Point!!

- ツイート作成の基本型はPREP法
- PREP法をツイートに落とし込む
- 型はあくまでベースとして活用

伸びるツイートの基本の型

PREP法を使ったツイートは、不思議なくらい伸びやすいです。**PREP法はTwitterにかぎらず、論理的な主張をする際によく用いられる構成**です。この構成は好まれやすいので、悩んだらこの構成にあてはめてみましょう。

ではPREP法をおさらいしておきます。

PREP法

P＝Point（結論）
R＝Reason（理由）
E＝Example（事例、具体例、データ証明）
P＝Point（結論を繰り返す）

「P○○は△△です。R理由は□□です。E実際◎◎だからです。Pつまり○○は△△です」といった論理展開でツイートすればOKです。

PREP法をテンプレートで解説

伸びるツイートをつくるPREP法をツイートテンプレートにすると、次頁のようになります。

◎ **PREP法ツイートテンプレート**

［見出し］

［主張］

［理由］なぜなら～

［根拠・具体例］たとえば～

［行動の促し］～しましょう。～ですよね？　など

Twitterは140字という制限があるので、型を徹底的に守るのではなく、あくまでベースとして捉えてツイートをつくるようにします。

たとえば次のツイートは、［主張］⇒［具体例］⇒［行動の促し］になっています。ツイートの内容次第では、理由や具体例が抜けてもかまいません。

◎ **PREP法ツイート例❶**

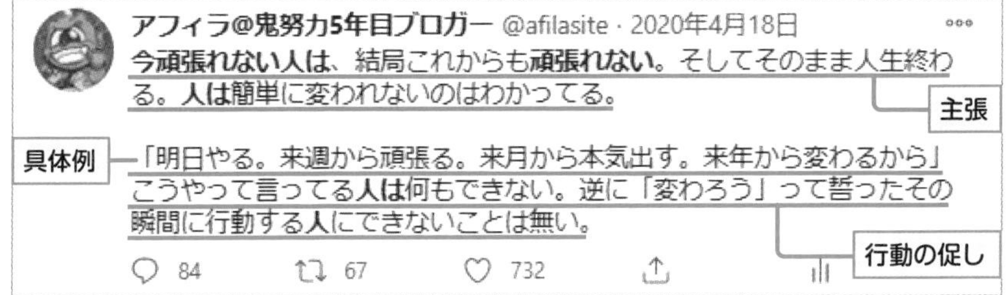

もう一例紹介します。

こちらは［主張］⇒［具体例❶］⇒［具体例❷］⇒［主張］⇒［行動の促し］になっています。

◎ **PREP法ツイート例❷**

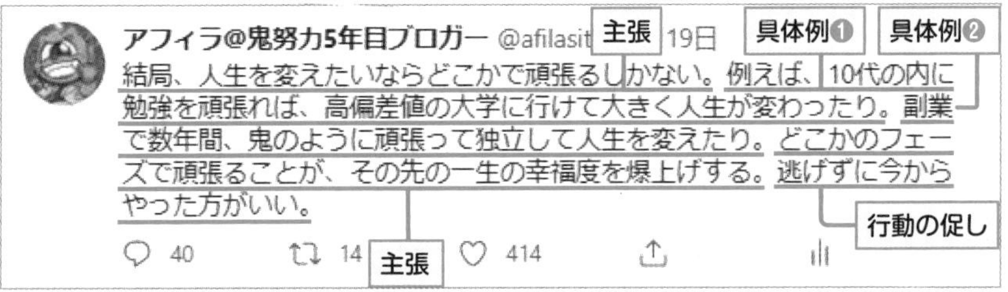

Chapter 5 ファンを獲得するためのツイートのしかた

31 会話形式のツイートをつくってみよう

Point!!

- 会話型にしてストーリーをつくる
- 最後の１～２文にメッセージを込める
- あるあるの会話だと反応率がよくなる

伸びるツイートの基本＋最後の１～２文にメッセージを込める

会話型にして、ストーリー調にすると伸びるツイートになります。

過去の印象的な経験や上司との会話など、ストーリー調のツイートは伸びやすいので、思い出してツイートしていきましょう。そして最後に１～２文、**「会話＋その会話から伝えたいひと言」という感じでつくるのがポイント**です。

たとえば次のツイートのように、自分自身の過去の体験談を持ってきて、それを会話形式で展開していくのもいい方法です。

◎ 会話型ストーリー調のツイート例❶

次の例は、最後の2行「違うんです〜デカいっしょ？」までが、この会話で伝えたいことになります。**よくあるような会話で、状況をイメージさせることでメッセージが伝わりやすくなります。**

◎ 会話型ストーリー調のツイート例❷

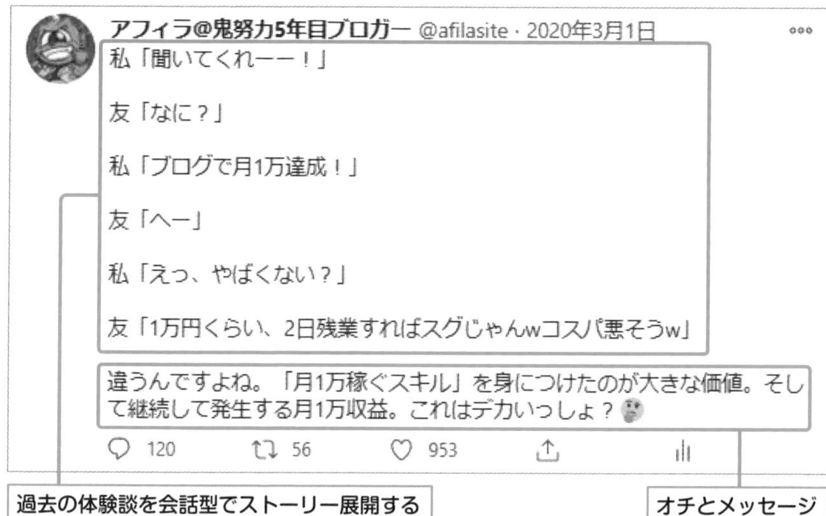

あるあるの会話だと反応率がよくなる

Twitterでは、共感できるツイートは伸びやすくなります。あるあると感じるような上司や友人との会話をツイートにすると共感しやすいので、伸びやすくなるわけです。

多くの人がうなずきそうなことを経験したら、メモ帳とかに記録しておいて会話形式にしてツイートしましょう。

Chapter 5

Chapter 5　ファンを獲得するためのツイートのしかた

32 箇条書き3つのツイートをしよう

- 箇条書きツイートは3つにすると伸びやすい
- 通番ではなく「・」でもOK
- 最後に主張文を持ってくるといい

箇条書きツイートは3つにすると伸びやすい

箇条書きは3つでまとめるとわかりやすくなります。**3つの箇条書きは内容もスッと入ってきて、主張を入れてもきれいにまとまる**のでお勧めです。

たとえば次のツイートのようになります。

◎ **3つの箇条書きツイート例**

アフィラ@鬼努力5年目ブロガー @afilasite・2020年12月1日

☑フリーランサーのメリット3選

①出勤時間が3秒
②人間関係のストレス0
③好きなスキルがひたすら磨ける

こんな感じ。特に最後が重要で、今は結果出なくても1年、3年、5年やってけば個人レベルでは無双できる。私は今年はじっくりスキル磨きと、土台作りで個人を磨いて来年以降でデカく狙います🚀

39　13　363

箇条書きを通番で3つ並べる

ポイントを3つに絞り、その説明を後半の文章でします。字数の都合で3つ全部を深掘りできない場合は、最後のひとつに絞って解説すると、内容がうまくまとまります。

通番ではなくても「・」でもOK

通し番号（① ② ③）ではなく、「・」を使うバージョンのツイートも有効です。**「・」が入るだけで見やすいツイートになります。全体的に［見出し］⇒［摘要］⇒［主張］構造をつくりやすいので、読みやすく伝わりやすい**ツイートになります。

たとえば次のツイートを雛形として覚えておきましょう。

◎［見出し］⇒［摘要］⇒［主張］構造のツイート例

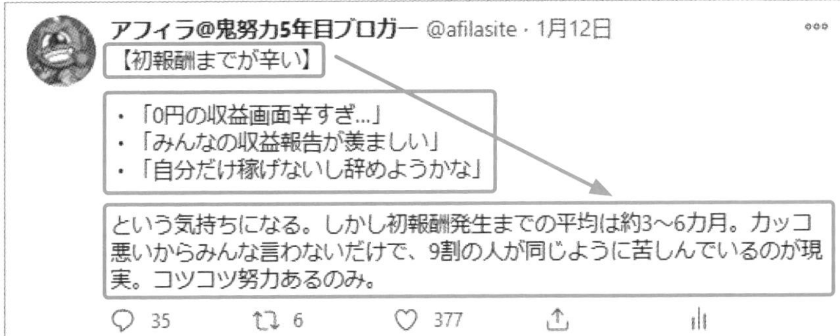

Tips 箇条書きツイートのポイント

この箇条書きツイートする際は、できるかぎり階段状にして、パッと見の印象をきれいにするのがコツです。

見出しや箇条書きで読み手を引きつけておいて、最後の部分で内容をしっかり読ませるのがいいツイートです。

箇条書きだけだとあっさりしすぎてしまうので、このパターンの型もレパートリーとして覚えておくといいです。

33 有益情報を列挙したツイートをつくろう

Point!!

- 有益情報をひたすら列挙するだけでOK
- 最後の文は省略してもOK
- 階段状にしておくと反応率がアップする

有益情報をひたすら列挙するだけでOK

役立つ情報を列挙して詰め込んだ、役立つ情報の濃度が高いツイートは伸びやすいです。

［見出し］⇒［情報列挙］⇒［締めの一文］という構造にして、1ツイートで学べる情報量を増やすほど伸びやすいツイートになります。

たとえば次のツイートのようにします。

◎ 有益情報をひたすら列挙するツイート例

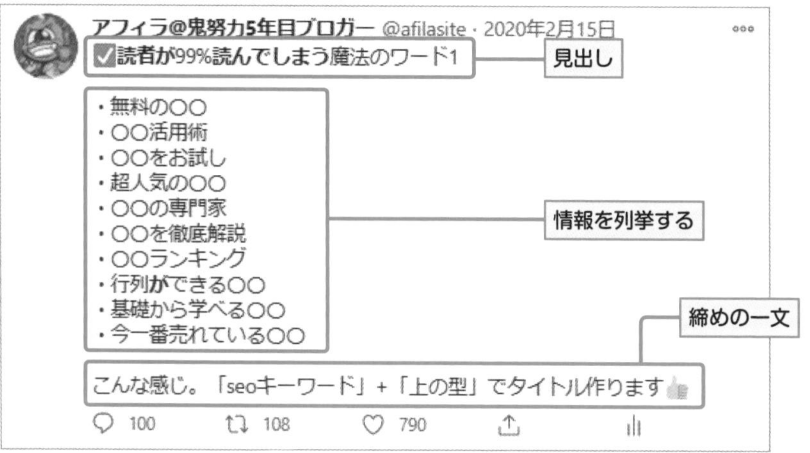

最後の一文は省略してもOK

このタイプの型で大事なのは、「見出し」と「箇条書きの情報列挙」です。**見やすく情報が詰まっていることが伸びる条件**になります。次のツイートのように最後の一文は省略しても大丈夫です。

◎「見出し」＋「箇条書きの情報列挙」のツイート例

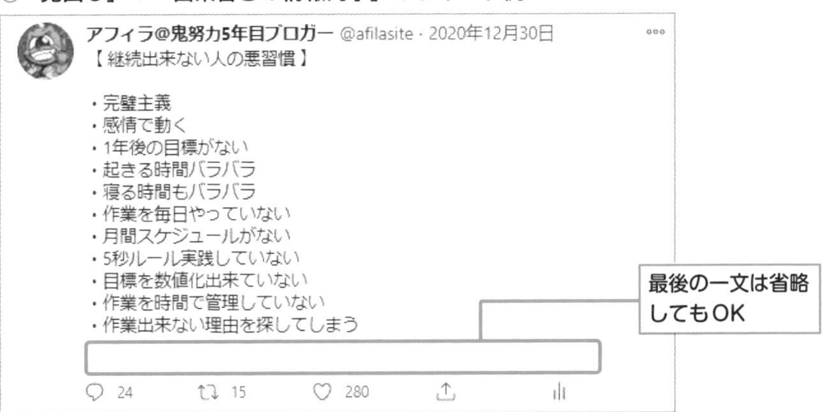

階段上にしておくと反応率がアップする

箇条書きのツイートをつくる際は、上部は文章を短く、下部は長くして階段上にすると読みやすくなって、反応率がよくなります。

◎ 階段上のツイート例

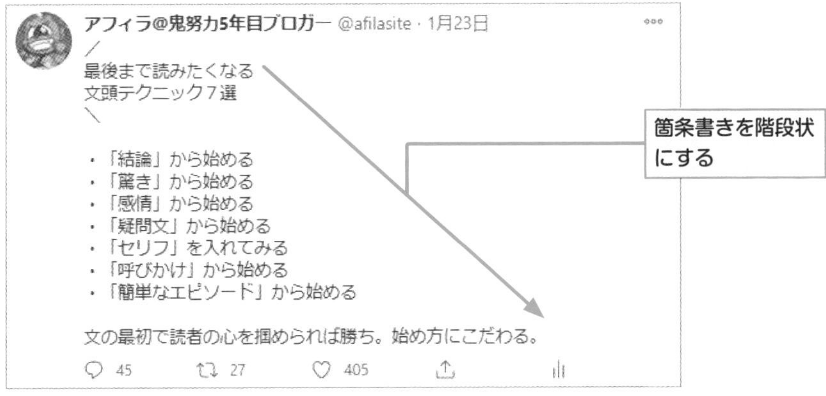

34 階段タイプの自己紹介でアピールしよう

Point!!

- 自己紹介を階段状にするだけ
- 人間味と共感とエンタメを入れる
- 普段とのギャップをつくるのがコツ

自己紹介を階段状にする

Twitterブランディングの観点から、自己紹介ツイートをたまに投稿するといいです。

普段のツイートとは違い、人間味を出すチャンスになります。**主にフォロワーとの交流を深める目的でツイート**します。一般的に自己紹介ツイートはそれほど伸びませんが、階段状の箇条書きにすることで反応率アップをねらいます。

人間味と共感とエンタメを入れる

自己紹介ツイートはただ自己紹介で情報を羅列すればいいわけではなく、次の3つのポイントを入れるようにします。

自己紹介に入れる3つのポイント

❶ 人間味　❷ 共感　❸ エンタメ

まず「人間味」については、**趣味、職業、価値観といった人柄が想像できるような内容**がお勧めです。続いて「共感」は、**好きな物、嫌いな物、ハマって**

いることなどを入れることで、共通点がある人からの印象がよくなります(好きなアーティストが同じなど)。最後に「エンタメ」ですが、これは難度が高めです。**自虐的なネタを入れておくと、リプライしやすくなったり親近感がわく**ので、がんばってねらってみてください。

◎ **自己紹介ツイート例❶**

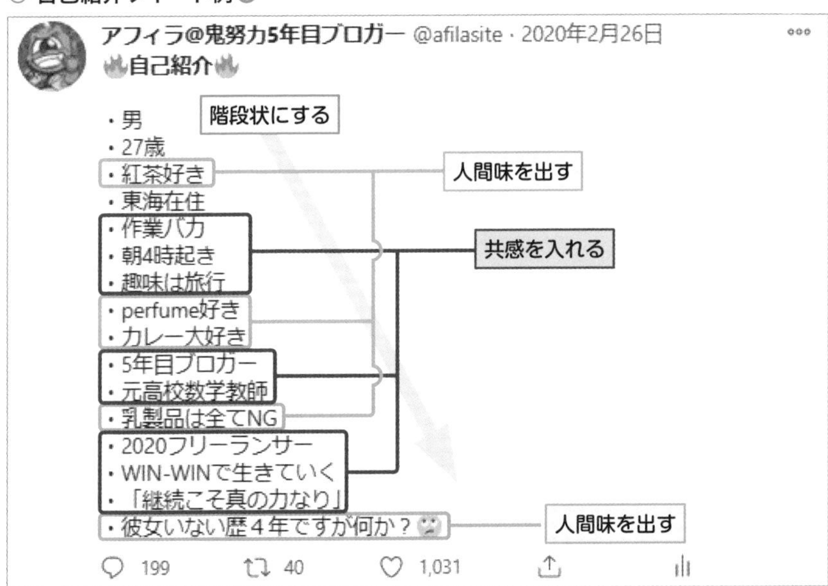

◎ **自己紹介ツイート例❷**

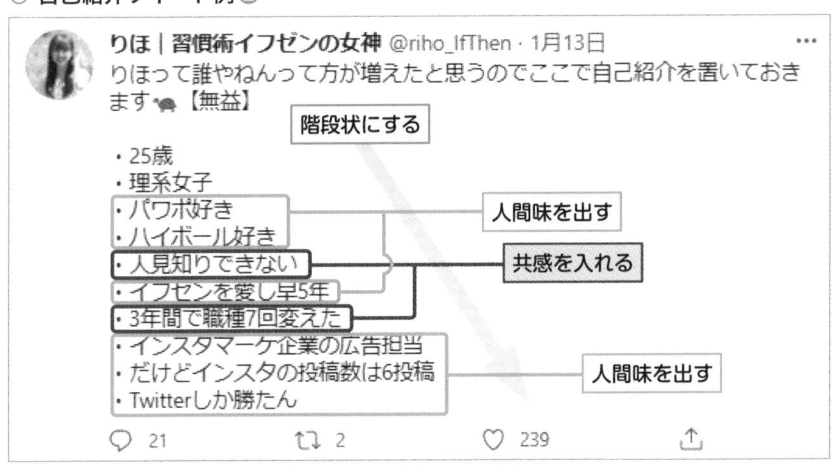

Chapter 5

35 過去の自分へ向けたメッセージをツイートにしよう

Point!!

- 過去の自分に伝えたいメッセージをネタに
- つらい過去から明るい今が伸びる
- ストーリーがあるといい

過去の自分へ向けたメッセージ

つくりやすく多くの人に共感されやすいのが、過去の自分へ向けたメッセージのツイートです。次のツイートは「人生を変えたいと思ってる人へ」と題していますが、５年前の自分に向けたメッセージです。**５年前の自分にひと言だけ届けられるとしたら何を言いたいか？**　と想像してツイートをつくってみるといいですね。

◎ 過去の自分へ向けたメッセージツイート例

アフィラ@鬼努力5年目ブロガー @afilasite · 2020年12月31日
人生を変えたいって思ってる人へ。

人生を変えるのは簡単じゃない。だって、人生はスケールがデカすぎるから。何年も継続するとか、覚悟決めて3カ月全力でやるとか、プロにコンサルしてもらい1から100まで教えてもらうとか、それくらいしないと無理。今の延長戦上のなんとなくで、人生は変わらない。

36　18　413

過去の自分へのメッセージにすると刺さりやすい

過去の自分が知っていれば役に立つ情報

つらい過去 ⇒ 明るい今が伸びる

過去の自分に向けたメッセージのツイートで特に伸びやすいのが、**「つらい過去」⇒「明るい今」**という構成。つらい過去にあたる部分は多くのフォロワーが抱えている悩みなので、そこから脱出したことに希望を感じます。現状を打破して明るい未来をつかむ方法をツイートしていけば、フォロワーは増えていくはずです。

◎「つらい過去」⇒「明るい今」のツイート例

アフィラ@鬼努力5年目ブロガー @afilasite · 2020年12月30日
初心者ブロガーだった5年前の自分へ！今、伝えたい！

ブログで5年間、何百回と挫折することになるけど28歳の今でも続けてるぞ！フリーランサーで独立してるぞ！ついでに言っとくと、一番辛いのは最初の30記事だから！書き方わからんし何度も「これ、意味ある？」って思ってるだろうけど、続けろ！！

31　7　337

今はちゃんと明るい未来にいることをアピールする

ストーリーを感じる内容だとさらにいい

このツイート型の場合、時間軸や成果などのストーリーがわかりやすいといいです。○年前、○○○だった状況から△△といったぐあいに、わかりやすい数値で表されていると内容に深みが出ます。

過去の自分と同じ境遇の人は必ずいるので、そのとき思っていたこと、そこから脱出した契機、知っていたらもっと楽になった情報をツイートに入れるといいです。それが有益ツイート、共感ツイートになります。

36 読ませるツイートでプロ感を出す

Point!!

- あえて改行しないツイート
- 見出しをつけるのも有効
- プロ感が出てくるツイート

読ませるツイートの型

内容が深いツイートの場合、あえて改行しないという表現法もあります。

たとえば次のようなツイートです。あえて改行せず、文章で140文字を読ませるツイートにします。しっかりと文を読んでもらえる分、いいねなどの反応が高くなる可能性があります。

◎ 読ませるツイート例

アフィラ@鬼努力5年目ブロガー @afilasite · 2020年10月23日

朝、5時に起きる。作業タイマーを90分にセットする。その90分で、今日必ず終わらせたい仕事を1個終える。6時30分になる。味噌汁を作る。卵焼きを作る。玄米を茶碗に盛り付ける。納豆を冷蔵庫から出す。朝の風を浴びながら、30分かけて優雅に朝食を食べる。これが最高の朝活です。心にゆとりを。

68 21 707

改行なしで140文字読ませる

見出しをつけるのも有効

次のツイートのように、見出しをつけるのも有効です。見出しをつけることで内容のフレームができ、内容が入ってきやすくなります。

◎ 見出しをつけたツイート例

アフィラ@鬼努力5年目ブロガー @afilasite · 1月20日

【目先を捨てる思考】

「明日貰える1万円と、1年後に貰える100万円のどちらが魅力的だろうか？」おそらく100万の方が欲しいハズなんですが、多くの人の行動はそうなっていません。一方、成功者は1年後の成果が見えているので、それまで1円も入ってこなくても淡々と戦略を実行する。目線が違う。

43　15　423

見出しをつけると内容が入りやすくなる

絵文字なし・改行なしが醸し出すプロ感

絵文字なし、改行なしのツイートは、純粋に内容を見てもらえるのでプロ感が出ます。この書き方は、Twitterフォロワーが多い人がよく使っている方法です。プロ感を出したい場合はこの型を使ってみるといいですね。

⚠注意 だたし、タイムライン上で読みにくいというデメリットがあるので、この型で全然反応がもらえない場合は、読みやすいほかの型を使うようにしましょう。

◎ 改行なしツイート例❶

アフィラ@鬼努力5年目ブロガー @afilasite · 2月13日

結果は急ぐ必要が無いです。

その理由は、今めっちゃ凄いって思う人も、最初はみんな散々な結果だったから。それでも続けていけば、いずれブレイク点が来て、今までがウソかのように結果が出ます。つまり目先の結果を追い求めてるのではなく、自分がやるべきTODOを淡々と積み上げていくのが勝ち筋。

47　22　501

◎ 改行なしツイート例❷

アフィラ@鬼努力5年目ブロガー @afilasite · 2月12日

Twitter伸ばす上で1番大事だと思うのは、"圧倒的な個性"です。他の人には絶対ないクレイジーな部分を持っていれば、それ自体が価値になる。

珍しい存在であること自体が価値なので、人と違う経験を沢山したり、違う考え方を発信して、唯一無二の存在になれると強い。伸ばす答えは自分の中にある！！

52　10　484

Chapter 5

Chapter5 ファンを獲得するためのツイートのしかた

37 企画ツイートにはどんな種類があるか知ろう

Point!!

- フォロワー紹介企画は定番
- プレゼントは特に人気
- コンサルティング企画も多い

フォロワー紹介企画

自分のフォロワーの紹介ツイートをする企画です。自身のアカウントの拡散力、影響力が高いほど人気になる企画です。一般的に**インフルエンサーマーケティングにおいて、フォロワー数×3～10円が広告単価なので、それくらいの広告効果がある**と考えられています。

◎ フォロワー紹介企画のツイート例

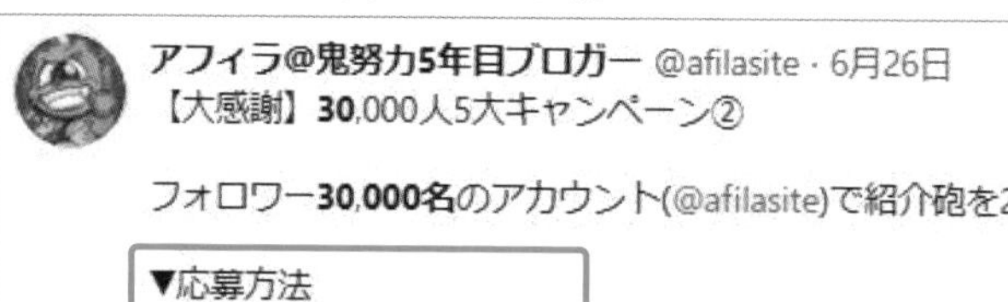

実際の紹介ツイートは次のとおりです。

◎ **実際の紹介ツイート例**

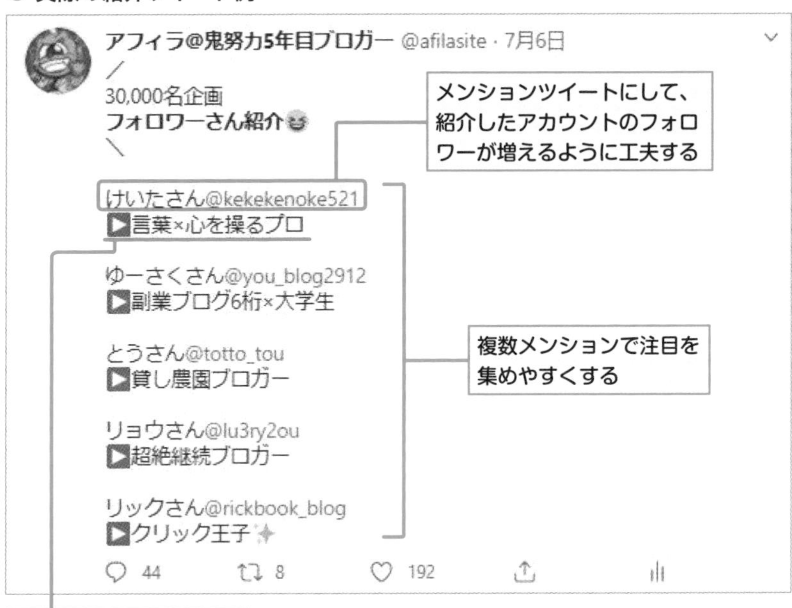

プレゼント企画

プレゼント企画は、応募者の中から抽選でプレゼントを渡す企画です。Amazonギフトや書籍、有料コンテンツ、そのほかフォロワーに喜ばれる物がプレゼント対象となります。

次頁で紹介するプレゼント企画では、サツマイモをプレゼント品にして、大好評となりました。**喜ばれるプレゼント企画ができれば一気にインプレッションを増やすことが可能**です。

また、その影響で一気にフォロワー数を増やす可能性まであります。停滞期とか何かをリリースする直前に企画ツイートを投げておくと、アカウントの注目度が上がるので、非常に有効です。

◎ プレゼント企画ツイート例

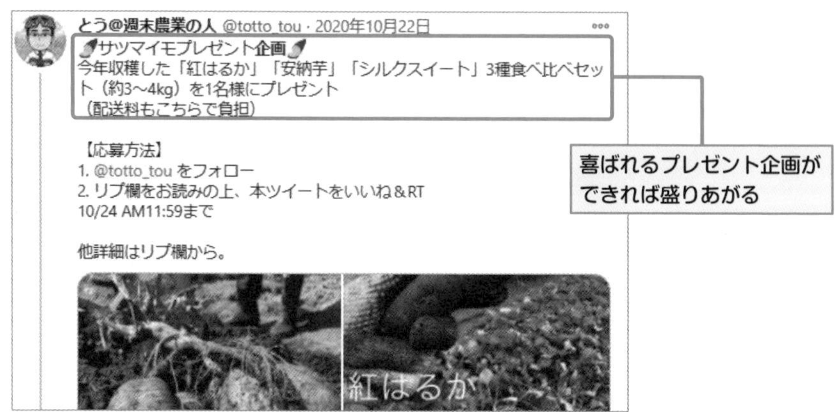

コンサル企画

Twitter経由でZoomなどをつないで、自分が専門性のある分野についてコンサルティング（アドバイス）を実施する企画です。企画を通して教えたフォロワーが結果を出すことで、自身のブランディングも強化される点がWin-Winになります。

たとえば次のツイートのような企画なら、抽選後、DMでやり取りしてZoomでコンサルティングを実施します。

◎ コンサル企画のツイート例

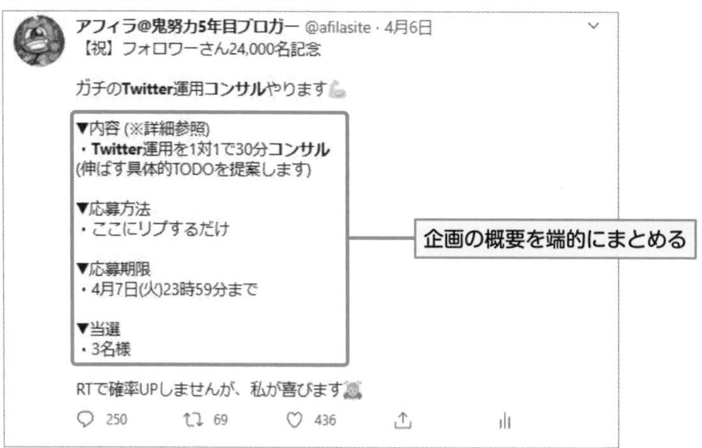

38 予告ツイートで今後の期待感を演出しよう

Point!!

- **予告ツイートで期待感を演出**
- **情報を小出しにして予告する**
- **Twitter 企画も予告すると効果アップ**

予告ツイートで期待感を演出

何かコンテンツをリリースしたり、Twitter 運用上で大きな改革がある場合は、事前に予告ツイートをすると盛りあがります。**「予告」⇒「本発表」とツイートすることでより多くの人に知ってもらえるだけでなく、期待感が高まります。**

また予告は1回だけでなく、複数回に分けてツイートするのもお勧めです。

◎ 予告ツイート例

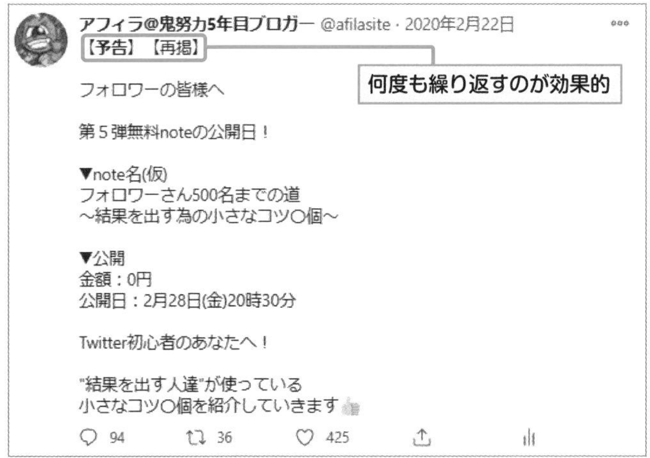

予告ツイートのつくり方

予告ツイートをつくる際、次の要素を入れておくことで、フォロワーが期待しながら公開を待ってくれます。

予告ツイートに盛り込む3つの要素

❶ **予告ツイートであること**

❷ **コンテンツ内容の小出し**

❸ **いつ公開予定か**

実際の予告ツイートは次のとおりです。

◎ **予告ツイート例**

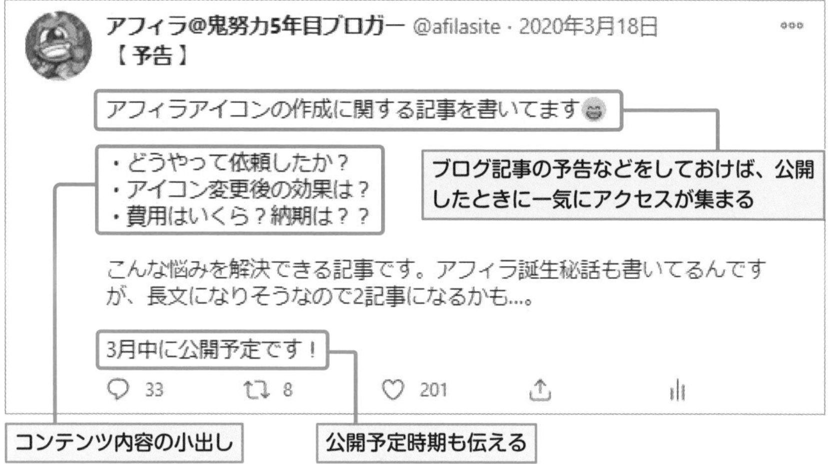

Twitter企画実施時も予告をするといい

Twitterで企画を実施する際やnoteを公開する際は、初動が大事なので、予告ツイートで時間などをしっかり伝えておくようにします。○月○日○時からはじまることがしっかり伝わっていれば、リリース時の初動が大きくなり一気に広がっていきます。

Chapter 5 ファンを獲得するためのツイートのしかた

39 宣伝ツイートの反応率を上げるテクニック

Point!!

- コンテンツ内容がわかるようにする
- コンテンツを読みたくなるリード文を書く
- スレッドツイートで宣伝するのも有効

内容を小出しにする

コンテンツを宣伝するときは、見出しをツイートに記載したり、どんな悩みを解決するコンテンツなのかを記載します。既存コンテンツの場合、人気度合いや読んだ人の声などを記載するとさらにいいですね。

◎ コンテンツを宣伝するツイート例

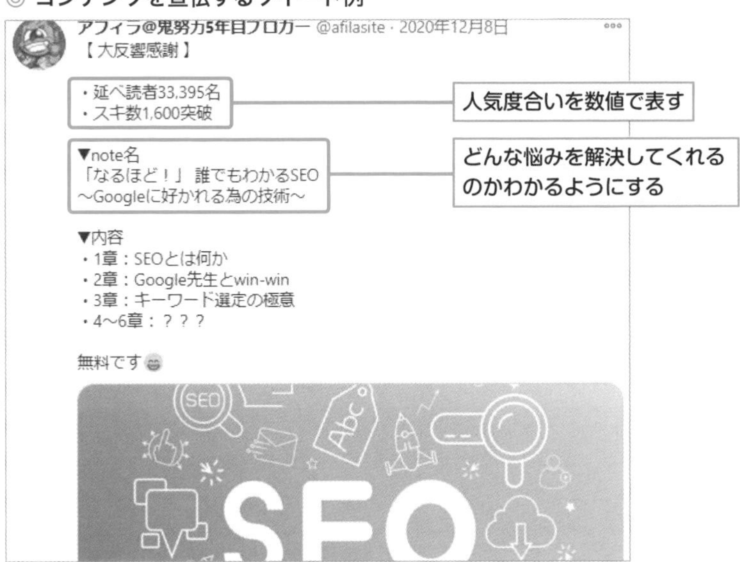

コンテンツを読みたくなるリード文を書く

コンテンツを宣伝するツイートは、コンテンツを読みたくなるようなリード文を書くのが有効です。ツイート内容で、引き続きより詳しく知りたい人にはコンテンツを見てもらうという流れです。

これはブログにかぎらず何か商品を売る場合も同じで、ツイートをフックにして興味が引けるようにしておきましょう。

たとえば次のツイートのようにします。

◎ コンテンツを読みたくなるリード文のツイート例

この先のコンテンツを読みたくなるリードにする

スレッドツイートで宣伝する方法も有効

基本的に**リンクつきツイートは外部へユーザーが飛んでしまうことから、いいね・リツイートなどが増えにくく拡散されません**。その対策で、スレッドツイートの2投目で宣伝URLを貼るという方法があります。

1個目のツイートでいいね・リツイートを集め、インプレッションを大きく獲得したあと、3時間くらいあとにスレッドツイートで宣伝を入れるのが効果的です。

たとえば次頁のツイートのようにします。

◎ スレッドツイートでコンテンツを宣伝するツイート例

アフィラ | ビジネス書図解
@afila_zukai

メインのツイート
（通常のツイート）

【忙しい人向け】「7つの習慣」を図解にしてみた結果とは…？

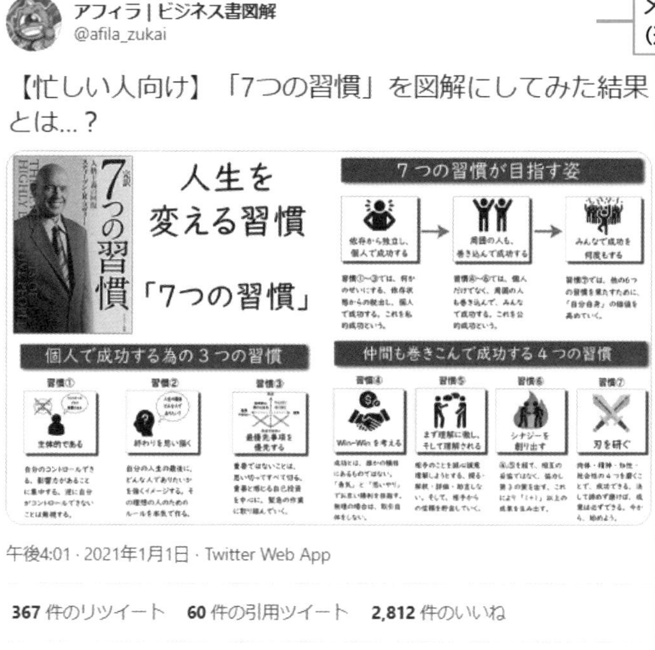

午後4:01 · 2021年1月1日 · Twitter Web App

367 件のリツイート　**60** 件の引用ツイート　**2,812** 件のいいね

アフィラ | ビジネス書図解 @afila_zukai · 8秒
返信先: @afila_zukaiさん
20代男性ビジネスマンにオススメの書籍ランキングはこちら↓

メインのツイートの下に連なってツイートするのが、スレッドツイート

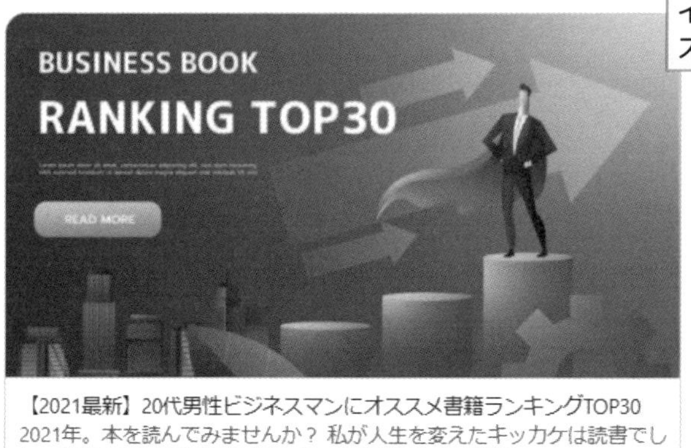

【2021最新】20代男性ビジネスマンにオススメ書籍ランキングTOP30
2021年。本を読んでみませんか？ 私が人生を変えたキッカケは読書でした。良書を読む事で思考が変わり、思考が変われば行動 ...
afila0.com

1

スレッドツイートのしかた

スレッドリツイートのしかたは次の手順になります。

手順① ツイートの左下のを 🗨 クリックする

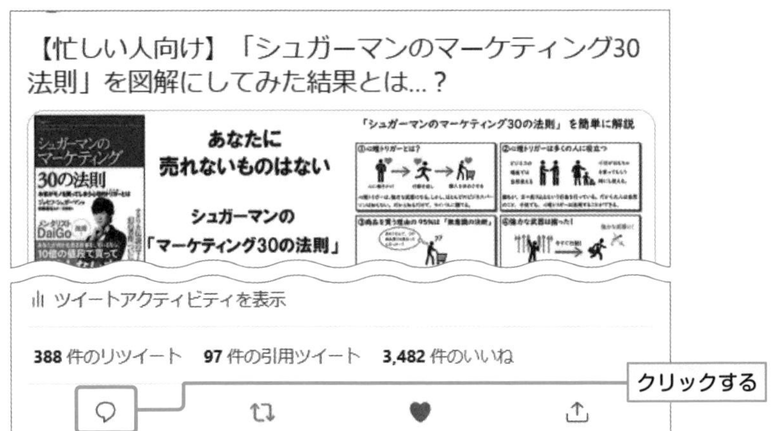

手順② 内容を入力して ツイートする をクリックする

Chapter 5　ファンを獲得するためのツイートのしかた

40 宣伝ツイートの効果はどれくらいなのか？

Point!!

- **数分でつくったツイートが5万人に見られる**
- **1万フォロワー超えのアカウントは宣伝効果がすごい**
- **Twitterを伸ばせば無料ですごい宣伝媒体が手に入る**

宣伝ツイートの効果

SNS運用するメリットは、広告費0円でいつでも好きなタイミングで、強い関心を持つ人にコンテンツを宣伝できる点です。私の場合、ブログなどを次のような宣伝ツイートで拡散しています。投稿時の私のフォロワー数は3万6,000人で、このツイートは約5万人に見てもらうことができました。

◎ 宣伝ツイート例

アフィラ@鬼努力5年目ブロガー @afilasite · 1月1日
新年の書初めってことで、ブログ書けました🙌

年間100冊以上のビジネス書を読む私が、おすすめの書籍30個をランキングでまとめました。オーディブル対応・Unlimited対応も調査し、お得に読む方法もまとめた記事です。どんなビジネス書がいいのか知りたいって方は、ぜひ！

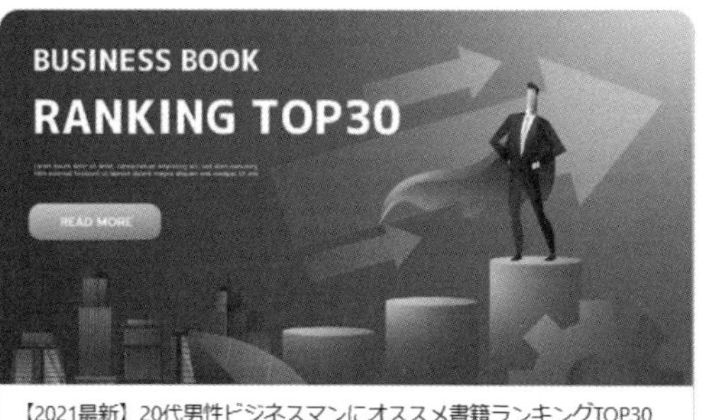

【2021最新】20代男性ビジネスマンにオススメ書籍ランキングTOP30
2021年。本を読んでみませんか？ 私が人生を変えたキッカケは読書でした。良書を読む事で思考が変わり、思考が変われば行動 ...
afila0.com

20　25　265

バズっているわけでもないのにこれだけ多くの人に見てもらえるのは、Twitterのパワーを感じます。ツイート自体は数分で完成しますが、ツイートアナリティクス（Chapter2-07参照）で確認するとインプレッションの数で約5万人に見てもらえたのがわかります。

◎ ツイートアナリティクス画面

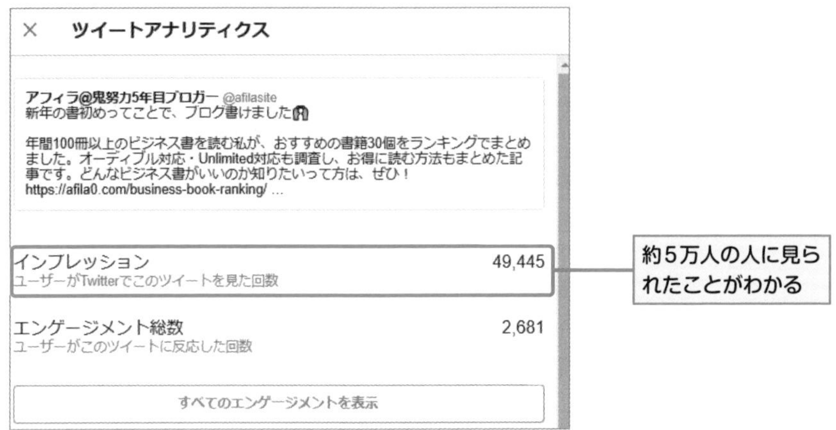

アカウントの宣伝効果

また、アカウントの宣伝効果はどのくらいあるのでしょうか。ジャンルなどにもよりますが、私のデータは次のとおりです。過去28日間で延べ約2,000万人にTwitterアカウントを見られています。プロフィールへのアクセス数は延べ約45万人で、プロフィールや固定ツイートに自分のコンテンツを貼っておけば、相当な宣伝効果があることがわかります。

Twitterを伸ばすと、これらの宣伝効果を無料で自在に使える点が魅力です。もちろんTwitter運用は簡単ではありませんが、本気でやる価値は十二分にある数値ですね。

◎ アナリティクス画面

Chapter 6

もっとアカウントを伸ばす方法を知ろう!

アカウントをしっかり育てていくテクニック

Chapter6では、Twitterアカウントをより伸ばすための方法について解説します。Twitterをさらに伸ばすには、どんな方法があるのか、その具体的な取り組み方法までお伝えするので、アカウントの伸びをさらに加速させるために、実践していきましょう!

Chapter 6 もっとアカウントを伸ばす方法を知ろう！

01 積極的なリプライで交流していこう

Point!!

- 自分からリプライを送って認知獲得
- リプライ（リプ送り）は時間効率がいい
- フォロワー数1,000名まではリプライが有効

自分からリプライを送って相手に認知してもらう

認知獲得を目的とすると、リプライ（Chapter4-06参照）を送るのはメリットがそれなりにあります。特に**フォロワー数が少ないうちは自身でインプレッションを集められないため、リプライを積極的に使うことが優位戦略**になります。

自分からリプライを送るメリット・特徴は次のとおりです。

◎ **リプライを送るメリット**

リプライ
3つの特徴

❶ 時間効率が圧倒的にいい
❷ 自らターゲットユーザーを獲得可能
❸ 序盤はリプライ先からの恩恵が大きい

リプライは時間効率が圧倒的にいい

リプライの時間効率

ツイート1個 10〜30分

リプライ1回 30〜60秒

ツイートを1個つくるとすると10〜30分かかりますが、リプライであれば30〜60秒で送ることができますよね。つまり1ツイートつくる間に20倍のリプライを送ることが可能です。

Twitterを伸ばすには最低限オリジナルツイートがそれなりの数必要になるので、**最終的にはツイートの比重が大きくなります。**とはいえ時間あたりの作業効率を考えるとリプライに軍配が上がるケースも多くあります。認知獲得を目的としているなら、戦略的にリプライのほうを優先したほうがいい段階では、どんどんリプライしていきましょう。

フォロワー数が少ないうちはリプライの恩恵が大きい

フォロワー数が1,000未満で、1ツイートあたりのインプレッションが300未満であれば、インフルエンサーたちのリプライ欄でアピールするほうが優位です。そこで知りあった仲間と相互フォローになったりすることで、自分のツイートのインプレッションを増やし、最終的にリプライに頼らなくてもTwitterを伸ばしていけるようになるのが理想形です。

1ツイートを作成する時間と、同じ時間かけて送れるリプライ数で獲得できるインプレッションとを比較して、優位なほうを選択します。

ただし、自分のツイートがまったくなくなるのはNGです。ひとつの目安として、**フォロワー数1,000名あたりまではリプライを送るほうが有効**ですが、それ以降はツイートやコンテンツを主体にしつつ、リプライは適度に送ればOKです。

とはいえ、まずは**インフルエンサーへのリプライで自分が見られる回数を増やして、Twitter上での影響力を高めていきましょう。**

リプライの送り先はどこにする？

推奨するリプライの送り先は次のとおりです。あくまで割合を示しただけなので、時間が許すなら数を増やす分にはどんどん増やしていってください。

リプライする3つの送り先の割合

❶ **1万～10万フォロワー** 3人
❷ **2,000～1万フォロワー** 3人
❸ **同フォロワー帯** 4人

❶については、リプ欄に大量の人が集まるので、フォロワー同士で交流することをねらいます。

❷については、リプ欄に人も集まるし、ツイート主からのリプライやいいねなどの反応も返ってきやすいので、両方からの認知をねらいます。

❸については、一緒にTwitterを伸ばしていく仲間づくりや、仲間になった人同士のリプライをねらいます。

また、**タイムラインにはリプライのやり取りが表示されるため、ツイートしなくても認知を獲得することが可能**です。

さらに、お勧めのツイートやアカウントのほか、人気や関連性の高いコンテンツがタイムラインに追加されるため、フォローしていないアカウントのツイートが表示されることがあります。

タイムラインに表示されるツイートは、人気の高さやフォローしているアカウントからの反応など、さまざまな要素に基づいて選ばれます。**利用者が興味を持ちそうな話題の会話（関連性や信頼度が高く、安全なコンテンツ）をホームタイムラインで上位表示するようにしています。**

Twitterの公式ヘルプセンターのサイト（https://help.twitter.com/ja/using-twitter/twitter-timeline）にもホームタイムラインの内容についての記述があり、タイムラインでは「話題の会話」を表示すると書いてあります。つまり、リプライのやり取りもひとつのコンテンツになり、オリジナルツイートに匹敵すると覚えておきましょう。

Chapter 6 もっとアカウントを伸ばす方法を知ろう！

02 仲間をつくってシナジーを生みだそう

Point!!

- 仲間をつくってシナジーを生みだす
- 仲間の輪を広げていくのが大事
- Win-Winの関係を築けたら自然と伸びる

仲間をつくってシナジーを生む

Twitter運用では、同じくアクティブに活動している仲間をつくることが大切です。**Twitterは個人で戦うよりチームで戦ったほうが圧倒的に有利**なため、孤軍奮闘せず素直に仲間をつくる努力をしましょう。

アクティブ仲間を増やすことで次のようなメリットが生まれます。

仲間をつくる3つのメリット

1. **お互いのリプライやいいねのやり取りを拡散する面で有利に**
2. **ノウハウを共有することでさらに伸ばせる**
3. **タイムライン上でグループができるので仲間がどんどん増える**

仲間と組んでお互いの経験値を共有し、一気にレベルアップする。その状態の仲間同士でリプライやいいねを送りあい、コラボ企画などを実施すればお互いがグングン伸びていきます。事実、1万フォロワー未満で伸びているアカウントは、グループや仲間づくりを重視している人が多いです。

濃い仲間をつくってWin-Winの関係で伸ばしていく。これが最新のTwitter運用で重要なポイントなので、仲間を見つけてガンガン伸ばしていきましょう。

Twitter仲間のつくり方

ではどうやって仲間をつくるのか？　深く考える必要はありません。**自分からリプライ＆いいねを送って交流すればOK**です。

また最近では、オンラインサロンをはじめとしたコミュニティができているので、そこに参加して強力な仲間を見つけるのもいいですね。ほかに大きなキックとなるのが、インフルエンサーなどが開催しているオフ会やセミナーです。こういうイベントに参加する人たちはすぐに仲間になりやすいので積極的に参加してみましょう。

こうやってできた仲間からさらに仲のいい人を紹介してもらい、仲間の輪をドンドン広げていきましょう。仲間は多いほどTwitterは伸ばしやすくなるので、輪を広げる重要性は覚えておくといいですよ。

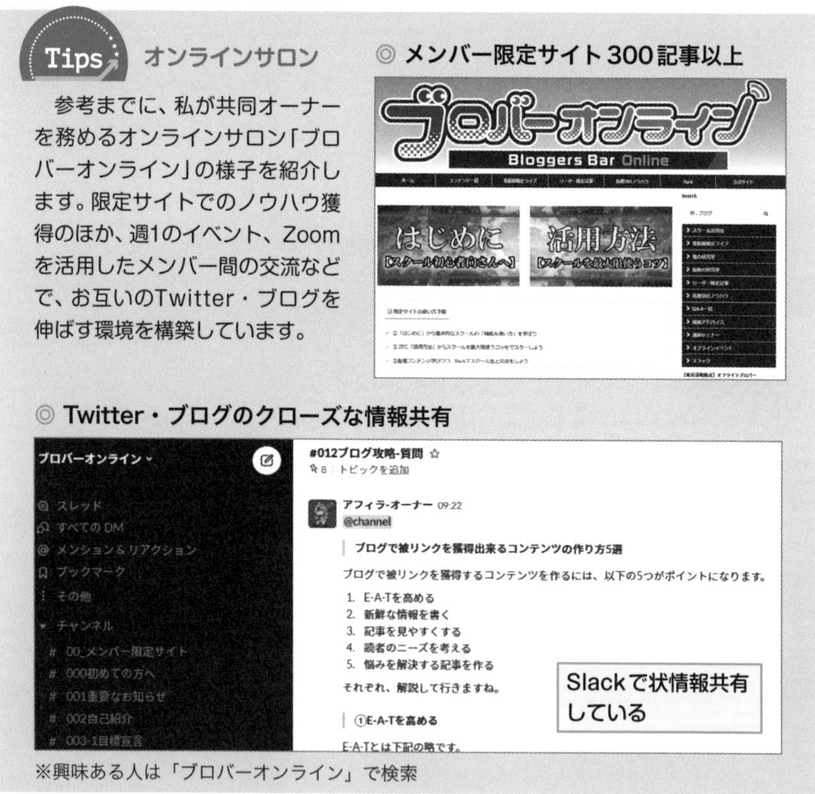

※興味ある人は「ブロバーオンライン」で検索

03 いろんな企画に参加してチャンスを増やそう

Point!!

- いろいろな企画に積極的に参加
- 企画参加者同士の交流を目指す
- 無料セミナーなどにも参加してみる

いろいろな企画に参加してみよう

Twitter上にはフォロワー紹介をはじめとした、数々の企画があります。基本的に無料で参加できるうえ、リツイートなどが不要（リツイートを増やしすぎると自分のタイムラインが荒れてしまう）な企画には参加することをお勧めします。

たとえば次のようなフォロワー紹介の企画などは、リプライを送るだけで参加できます。当選すればフォロワーが増えますし、参加するだけでも認知拡大に繋がります。もちろん大きな効果が得られるわけではありませんが、リプライ1個送るのに時間はさほどかからないため、時間対効果はよくなります。

◎ フォロワー紹介企画のツイート例

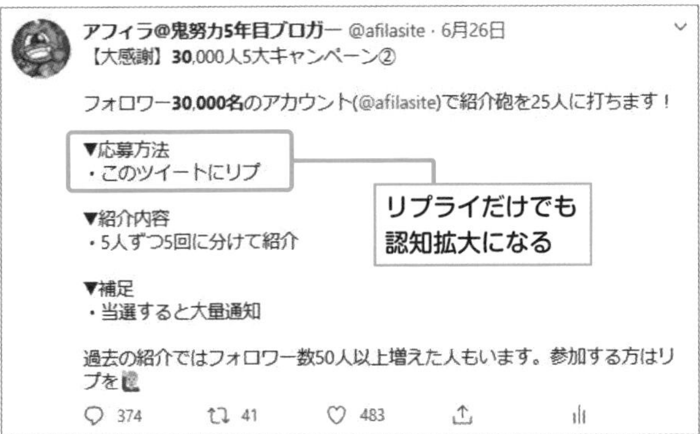

特にフォロワー数1,000未満のときは、自分から動かなければフォロワーが増えていか

ないので、企画などへ参加して活動範囲を広げていくようにします。

企画参加者と交流してみる

さらに輪を広げる方法として、企画に参加しているほかのアカウントへ交流する方法があります。企画ツイートのリプライ欄にはたくさんの参加者がいます。**その人たちのアカウントを見にいき、仲よくしたい人と交流しておくといいです**。

すでにお話したように、Twitterアカウントを伸ばしたいならアクティブな人との繋がりを増やすのが近道です。そのアクティブな人というのは、こういった企画ツイートに集まってくる人なので、積極的に交流しましょう。

無料セミナーへ参加してみる

Twitterを見ていると、無料でセミナーを実施している人がいます。こういったセミナーに参加しておくことで参加者同士の繋がりができ、自身のアカウントの伸びに繋がります。

次のツイートは、私が実施した無料のオンラインセミナーです。50～100人ほどの人に参加していただいて、参加者同士の交流が毎回起きています。

セミナーを受けてまでTwitterを勉強したい人はかなり少数であり、Twitter運用に対する熱量の高い人です。熱量の高い人同士で繋がりができれば、Twitterを伸ばすうえでプラスになるので、無料セミナーやZoomミーティングに参加してみるといいですよ。

◎ 無料セミナーのツイート例

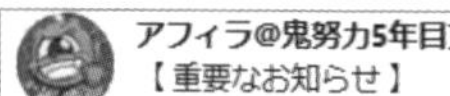

アフィラ@鬼努力5年目ブロガー @afilasite・2020年11月30日
【重要なお知らせ】

zoomオンラインセミナー開催！

▼日時
・12月6日(日)21:00～22:30

▼講師
・アフィラ(@afilasite)
・わ～め～(@wormeee_)
・しかまる(@shikamarurobo)

▼セミナー内容
・Twitterフォロワーを増やすフェーズ別戦略。3人の講師による、最新のTwitter運用を徹底解説

続く？↓

Chapter 6 もっとアカウントを伸ばす方法を知ろう！

04 過去ツイートを分析して改善しよう

Point!!

- **プロフィールクリック率の高いツイートを分析**
- **インプレッション数の高いツイートも分析**
- **検索コマンドで簡易分析もお勧め**

プロフィールクリック率の高いツイートを分析してみる

自分の過去ツイートの中で、プロフィールクリック率の高いツイートを見てみると数値でTwitter運用を評価できるので参考になります。

プロフィールクリック率は次の式で計算されます。

プロフィールクリック率の算出

プロフィールクリック率＝
プロフィールクリック数 ÷ ツイートインプレッション

次のツイートデータ（出力方法はChapter2-07参照）の枠で囲んだ数値から、プロフィールクリック率を計算してみましょう。

◎ ツイートデータ例

	A	B	C	D	E	F	G	H	I	J	K	L
1	ツイートID	ツイートの	ツイート本文	時間	インプレッション	エンゲージメント	エンゲージメント率	リツイート	返信	いいね	ユーザープロフィールクリック	URLクリック数
2	1.33877E+18	https://twi	「人を操る禁断の文章術」を図	2020-12-	131730	17076	0.129628786	97	23	1231	1247	80
3	1.34131E+18	https://twi	【忙しい人向け】「チーズはどこ	2020-12-2	119861	17120	0.142832114	191	37	1189	1270	70
4	1.33986E+18	https://twi	【忙しい人向け】「君たちはどう	2020-12-1	89761	11692	0.130257016	79	22	785	1090	55
5	1.33747E+18	https://twi	「朝活」を図解にしてみた結果	2020-12-1	71760	9297	0.129556856	81	37	678	538	75
6	1.33575E+18	https://twi	【祝】フォロワーさん600人記念	2020-12-(	21206	1575	0.074271433	45	21	205	782	0
7	1.34135E+18	https://twi	図解アカウントフォロワー数 1,500人超えました！	2020-12-2	11099	688	0.061987566	1	13	145	389	0
8	1.33538E+18	https://twi	図解コレクションを公開??	2020-12-(	11072	1153	0.104136561	7	5	110	106	7
9	1.33989E+18	https://twi	@sai_zukai さいさん、めちゃくち	2020-12-1	9093	52	0.005718685	0	1	5	40	0
10	1.34024E+18	https://twi	フォロワー数1,300人超えました	2020-12-1	8675	524	0.060403458	5	11	92	313	0

例 1,247（プロフィールクリック数）÷ 131,730（ツイートインプレッション）
≒ 0.94%（プロフィールクリック率）

自分のツイートの中で、プロフィールクリック率が1%を超えるものを洗い出し、なぜプロフィールクリック率が高かったのか？　を考察してみてください。そこで得られた仮説を使って、今後のツイート作成時にノウハウの確立を目指していきます。

インプレッション数の高いツイートを分析

同様にインプレッション数の高いツイートも分析します。

なぜ、インプレッション数が高かったのか？

今後インプレッション数が高いツイートをするにはどうしたらいいか？

といったことを考察します。

Twitter運用のノウハウは本書でもたくさん掲載していますが、自身のアカウントデータから得られるノウハウが1番確実です。こういった分析をすることにはかなり価値があるので、週1ペースで分析するようにルーチン化しましょう。

自分の直近ツイートを簡易分析

直近のツイートは、検索コマンドを入力することで把握できます。反応が高いツイートを見つけたら、「なぜ伸びたのか？」仮説を立てたり、そのツイートを自己リツイートすることで、再活用しつつフォロー率を高められます。

リツイート・いいねなどの反応は、バズツイートでないかぎり、24～36時間ほどで落ち着くのが一般的です。なので、だいたい直近2～7日前のツイートを逐次分析するクセをつけておくと、伸びるツイートの感覚がつかめるようになっていきます。

自分の直近のツイートで反応が高かったツイートを知りたい場合は、次の検索コマンドを検索欄に入力します。

直近のツイートでいいねが30以上

from:「ユーザー名」　min_faves:30

◎ いいねが30以上の検索結果

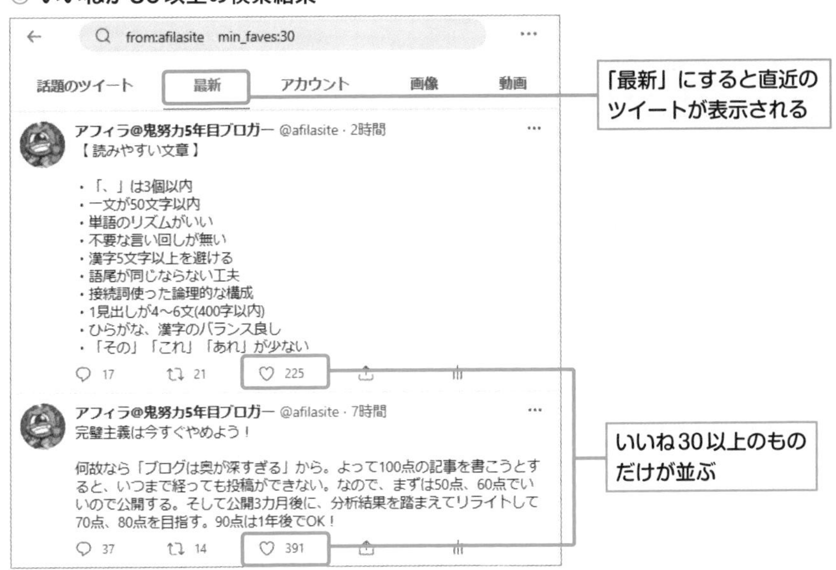

直近ツイートでリツイートが3以上

from:「ユーザー名」 min_retweets:3

Twitter運用を続けていくうちに、今の自分のアカウントが獲得できる平均のいいね数、リツイート数がわかるようになります。**平均の3倍以上の数値が出ているツイートは、自分のアカウントにとってのバズツイートなので、これを分析してパターンを身につけていきましょう。**

◎ RTが3以上の検索結果

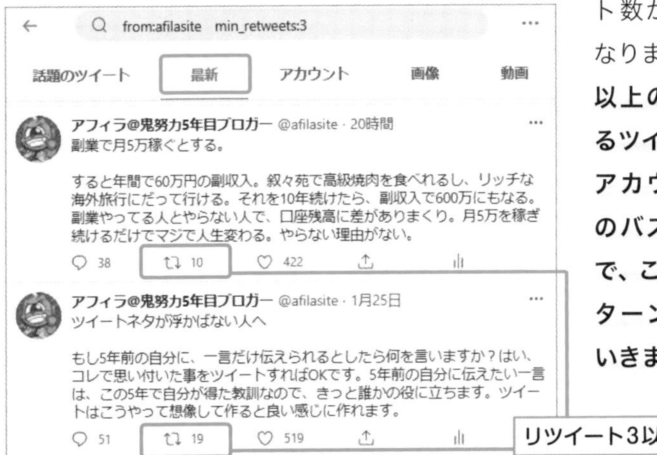

05 外部メディアと連携して伸ばしまくろう＋稼げる！

Point!!

- noteの活用でTwitterを伸ばす
- ブログの活用でTwitterを伸ばす
- そのほかの外部メディアでTwitterを伸ばす

Twitterと相性バツグン noteの活用＋有料note

note（https://note.com/）は、文章、写真、動画などのコンテンツを個人が発信できるサービスです。基本、無料で活用でき、個人でもすぐに記事を書けるのでその簡易さが人気です。

Twitterより多くの情報を発信できたり、**Twitterでnoteのシェアツイートをすると拡散されやすい**のが特徴です。また、noteは有料設定もできるので、**Twitter×noteでお金を稼ぐこともできます。**

Twitterとnoteの相性は、次の5つの理由からとてもいいです。

Twitterとnoteの相性

- 同じテキスト同士
- 無料ではじめられる
- マネタイズできる
- noteは拡散されやすい
- noteを使って信頼獲得できる

noteで執筆するネタは、Twitterブランディングを強化するものにします。

たとえばブログ関連の情報を発信しているなら、「ブログを執筆するときに知っておきたい10のコツ」のようなnoteです。マーケティング関連の情報を発信しているなら、「SNSマーケティングにおけるフリー戦略の活用事例50選」といったテーマでしょうか。

Twitterは文字数の制限があるので伝えられる情報にかぎりがありますが、noteの場合文字数は無制限ですし、画像や動画を差し込んでよりわかりやすく伝えることも可能です。

◎ noteの記事をTwitterで拡散するツイート例

アフィラ@鬼努力5年目ブロガー @afilasite · 2020年12月15日 ···

【大反響感謝】

延べ12,000PV
スキ数950頂きました！

ありがとうございます😄

▼note名
想像力の翼
〜稼ぐためのライティングスキル100〜

▼内容
・1章：文章の魔力
・2章：文章の本質
・3章：動かす文章の書き方
・4〜8章：？？？

フォロワーがnoteのリンクを踏みたくなるように紹介する

アイキャッチ画像をクリックするとnoteへ飛ぶ

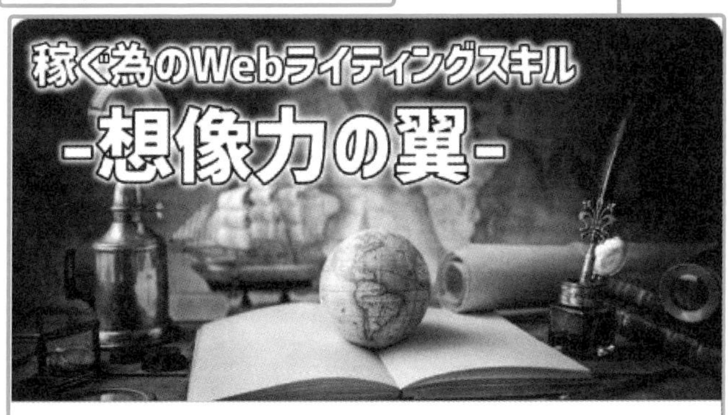

想像力の翼-稼ぐためのライティングスキル100- | アフィラ@作業量が...
【最終更新2020.7.1】 (私のnoteアカウントをフォローすると、内容の加筆修正の更新に気づけます) 当noteを手に取っていただき、ありがとう...
note.com

4　1　61

Chapter6

noteはTwitterでシェアツイート（noteの記事にあるTwitterのシェアボタンを押してツイート）して、何度も宣伝します。感想などをもらったら、それをリツイートすることで、より多くの人にnoteを読んでもらえるようになります。

渾身のnoteは固定ツイートにしておくことで、「フォロー率アップ」「信頼度アップ」に繋がります。**固定ツイートはほかの人との差別化を図るためにも、力を込めて書いたnoteにしておくのがお勧め**です。

◎ **noteの記事ツイートを固定ツイートにした例**

固定されたツイート

渾身のnote記事を固定ツイートにしておくことでフォロー率、信頼度がアップする

アフィラ@鬼努力5年目ブロガー @afilasite・2019年1

初NOTE書きました

▼NOTE名
本気でTwitter運用するなら
知っておきたい100のコト

▼ボリューム
・43,000字越え
・40時間かけて執筆

▼内容
・フォローされるアカウントとは？
・インフルエンサーの方への具体的交流法
・Twitterでやってはダメなこと等

【ＲＴ歓迎です】

本気でTwitter運用するなら知っておきたい100のこと｜アフィラ@作業...
☑ コンテンツ内容 ・Twitterの基礎・基本100項目 ・初心者向けTwitter機能の使い方解説 ・インフルエンサーの方への具体的な交流方法 ...
note.com

397　2,354　6,297

固定ツイートを長期間同じにすると反応が貯まり続ける⇒信頼性アップ

Twitterと相性よし ブログの活用＋アフィリエイト

noteと似ていますが、ブログも活用するといいです。無料ブログを使ってもいいですし、レンタルサーバーを借りて自分のブログを立ちあげてもかまいません。ブログで稼ぎたい場合はWordpress、それ以外は無料ブログで十分です。

ブログとTwitterを連携することで、ブログの読者数は増えるし、Twitterのフォロワー数も増えるのでいいこと尽くめです。**ブログはアフィリエイトで収益化しているので、Twitterフォロワーが増えるほどブログ収益もどんどん伸びていきます。**

イメージとしては「Twitterでチラシ配りしてユーザーを集め、より詳しく知りたい人にはブログ記事を読んでもらう。さらに悩みを解決するために商品を購入してもらう。その際、ブロガーにはアフィリエイト報酬が入ってくる」と、流れが非常にスムーズです。

Twitter単体でマネタイズしにくいという弱点もカバーできるうえに、フロー型×ストック型の掛け算もできます。Twitterを本気でやっているなら、ブログを運営しておいたほうがどちらも得になります。さらに、アフィリエイト記事を書いておけばトータルで大きく稼げるようになります。

Chapter 6

ポートフォリオサイトとしての活用

またTwitterから仕事を受注するための、ポートフォリオサイトを連携するのも有効です。Twitterのプロフィールにサイトへのリンクを貼っておき、**サイトには「サービス内容」「過去実績」「プロフィール」といった基本情報を載せておきます。**Twitter運用がうまくいけば受注し続けることができます。

私が運営するブログ作業ロケット(https://afila0.com/)のトップページは、次のように仕事が獲得できるようにしています。

◎ トップページに仕事依頼の導線をつくる

そのほかの外部メディアの活用

Twitter以外の外部メディアを活用して連携することで、Twitterフォロワーを増やすことができます。

外部メディアは、動画、音声、ステップ配信、コミュニティと多岐に渡ります。「Twitterは誰が発信しているのか？」が大事なので、Twitter以外のメディアで実績を残したり発信したりすることで信頼関係を構築すると、Twitterの伸びに繋がります。

主な候補は次のとおりです。自分のコンテンツが相性のいいメディアを見つけ、活用しましょう。

連携したいTwitter以外の外部メディア

- YouTube
- Instagram
- Facebook
- Clubhouse
- TikTok
- stand.fm
- Voicy
- 公式LINE
- メールマガジン
- オンラインサロン

Chapter 6　もっとアカウントを伸ばす方法を知ろう！

06 Zoomミーティングを活用して仲よくなろう

Point!!

- **Twitterの知りあいとZoomで交流する**
- **Zoomを活用してコンサルを実施する**
- **オンラインセミナー開催にも有効**

Zoomミーティングとは

Zoomミーティング（https://zoom.us/jp-jp/meetings.html）とは、ビデオ会議（チャット）ができるサービスです。無料登録で使用することができ、Twitter上の知りあいと音声のみ（顔出しも可）で、本名や電話番号を知られることなくコミュニケーションが取れます。**本名や電話番号を知らない人に明かすのが怖い場合も、Zoomを利用すれば大丈夫**ですね。

◎ Zoomのサインアップページ

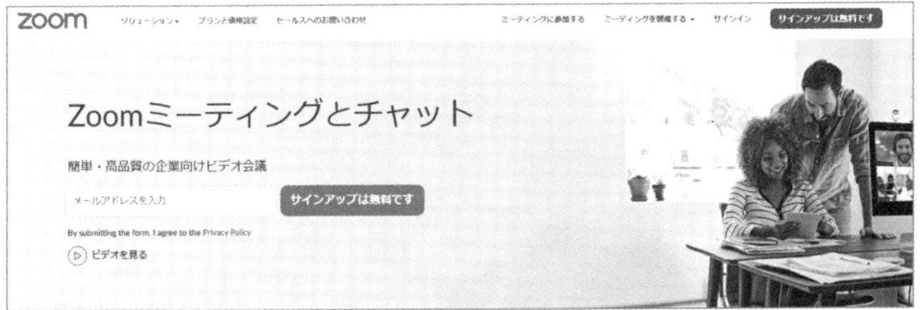

Tips　**Zoomは登録も簡単**

個別、グループのやり取りで積極的に活用したいコミュニケーションツールです。2021年現在では、Twitter上の知りあいとのやり取りはほとんどZoomでやっています。アカウントを持っていないならば、新規登録しておくといいですよ。

Zoomの具体的な活用

Zoomミーティングの具体的な活用個所は次の３つです。

Zoomの具体的な３つの活用法

- **❶ Twitter仲間と情報交換**
- **❷ Zoomコンサル企画**
- **❸ オンラインセミナーの開催**

まず❶の「Twitter仲間と情報交換」は、**Twitterを同時期にはじめた人や、同じくらいのフォロワー数でがんばっている人とリプライなどで仲よくなったあと、情報交換のためにZoomを活用するパターンです。**１人でやっているより仲間と情報共有したほうがお互い伸びるので、この活用はほぼ必須です。

次に❷の「Zoomコンサル企画」は、Twitter企画としてZoomを通してアドバイスなどをします。そのときに参加者から悩みが聞けるので、フォロワーのニーズがつかめます。

たとえば次のツイートのような企画です。

◎ Zoomコンサル企画のツイート例

最後に❸の「オンラインセミナーの開催」についてですが、Twitterで告知⇒Zoomでセミナー実施のパターンです。**人数が集まらない場合、コラボ実施すれば人数が増えます。**Zoomを使ったオンラインセミナーは聞く側の熱量が高く、より自分のファンになってもらえるので実施してみましょう。

たとえば次のような告知ツイートです。

◎ **告知ツイート例**

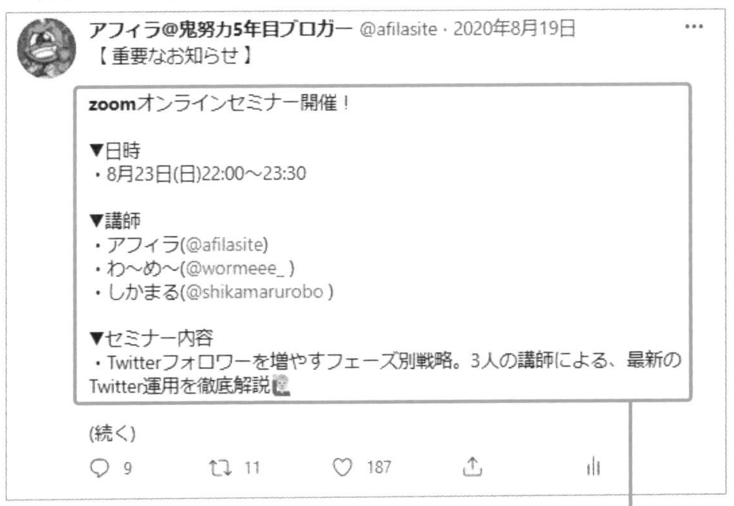

Twitter以外のツールでコミュニケーションレベルを上げる

2020年から急速に普及したオンラインミーティングサービスのZoomですが、音声・動画で情報を発信できるので、信頼関係の構築に非常に有効です。ツイート・リプライ・DMで一定の関係をつくったあと、Zoomでさらに交流する流れが一般的です。

Twitter以外のツールをうまく組みあわせ、情報発信のレベルを上げることを意識して運用してみましょう！

Chapter6 もっとアカウントを伸ばす方法を知ろう!

07 チャットツールでコミュニティをつくって交流してみよう

Point!!

- Slackなどを活用しコミュニティをつくる
- コミュニティを活用するとTwitterを伸ばせる
- まずはどこかに参加してみるのが早い

チャットツールSlackを使ってみよう

Slack(https://slack.com/intl/ja-jp/) はチャンネルベースのコミュニケーションサービスです。無料でも活用でき、画像・動画などのファイル共有や検索機能が使いやすいのが特徴です。Twitterで知りあったメンバーと複数で簡易コミュニティを作成したい場合は、Slackを活用するのがお勧めです。

Slack以外にもDiscord(https://discord.com/)、Skype(https://www.skype.com/ja/) といったチャットツールもあるので、自分たちが使いやすいツールを使ってみましょう。

◎ Slackのサインアップページ

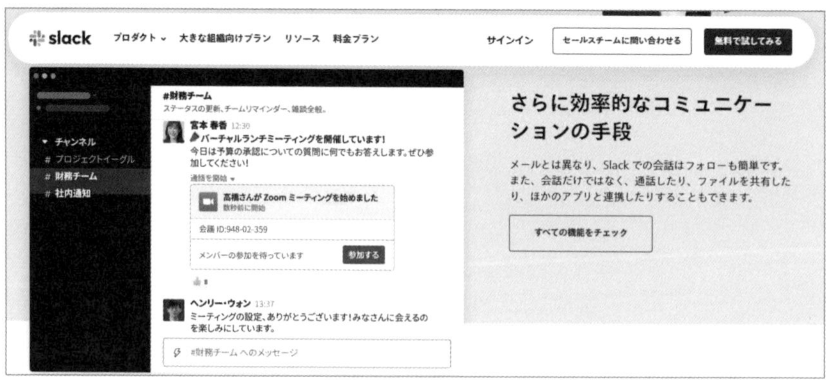

コミュニティの具体的な活用法

コミュニティを活用するメリットは次の3つです。

コミュニティを活用する3つのメリット

1. **チームで伸ばしていける**
2. **強固な信頼関係ができる**
3. **クローズドな情報共有ができる**

Twitterを伸ばしていくうえで、コミュニティを活用するのはとても大事です。Twitterはチーム戦なので、コミュニティを使って仲間を一気に増やせば伸ばすスピードは各段に上がります。またクローズドな場だからこそ深いノウハウが共有されるので、最新の知識を使って無双することも可能になります。

コミュニティを自分でつくるかどこかに属するかはどちらでもかまいませんが、基本的に**コミュニティ×Twitterの戦略を取り入れることが鍵**になります。

まずは無料でつくるのがお勧め

コミュニティは無料参加制、有料課金制が考えられますが、まずは無料でスタートするのがお勧めです。無料の場合、たしかに金銭的な利益は得られませんが、仲間との繋がりができます。本書で何度も紹介しているとおり、**Twitterは仲間とともに伸ばしていくことが大切です。**そのため、無料コミュニティをつくり、そこのメンバーでノウハウ共有、交流会などを実施して、関係を強化すれば、全員のTwitter運用上でプラスになります。

無料コミュニティは、Slackなどのツールを使えば2～3時間で立ちあげることができ、ツイートで参加者を募集すればいいので、まずは無料でつくってみましょう！

Twitterを伸ばすコツ

Twitterアカウントを伸ばすには、基礎を整えた上で、仲間を作り、お互いにノウハウを共有しながら切磋琢磨し、毎日続けていく必要があります。

Chapter1 ～ 5までの内容で、基本的なアカウントの設定、ツイートのしかたを解説しました。Twitterで価値提供をするためには、まずしっておくべき超基本的な知識です。そしてChapter6では、基礎ができたうえでさらに伸ばす方法を解説しました。こちらは自身の持つ影響力を、さらに効率的に拡大する際に活用してください。

結論、どれかだけでは足りず、本書の内容を全体を通して理解し、アカウントを整えて発信活動をするのが伸ばすコツです。最初のうちは伸びにくいのは当然ですが、本書の内容を一つひとつ理解し、実践→悩む→本書で解決→実践と試行錯誤を続けて、取り組んでみてください。長い目で見て、コツコツと進められる人はTwitter上で影響力を身につけられるのでがんばりましょう。

Twitterを伸ばすのは
時間がかかる！
基礎を抑えて、コツコツ進めていこう！

Chapter 7

伸び悩んだときはこれで対処しよう！

伸び悩み解消に役立つTips

Chapter7では、伸び悩みを解消する方法について解説します。多くの初心者が悩むポイントについて、具体的な解決策を提案していきます。運用していて伸び悩みはじめたら、このChapterを読み直して解消していきましょう！

Chaptre7 伸び悩んだときはこれで対処しよう！

01 自分語りが多すぎなら減らしていこう

Point!!

- 自分語りのツイートは完全に不要
- いいねやリプライで反応してくれる人は少数派
- 自由につぶやきたいならアカウントを別ける

伸びない原因は自分語りにある

Twitterが伸び悩んでいる初心者の人は、自分語りのツイートをしてしまっていることが多いです。Twitterは自分の思ったこと、リアルを発信するSNSツールですが、それは趣味のアカウントの話です。本書を読んでビジネス運用したい人は、**ツイート1つひとつにプロ意識をもって発信**してください。

たとえば次のようなツイートです。ある程度Twitter運用をしているとファンは増えてくるので反応はつきますが、伸びにくくなる原因になります。

◎ 自分語りのツイート例

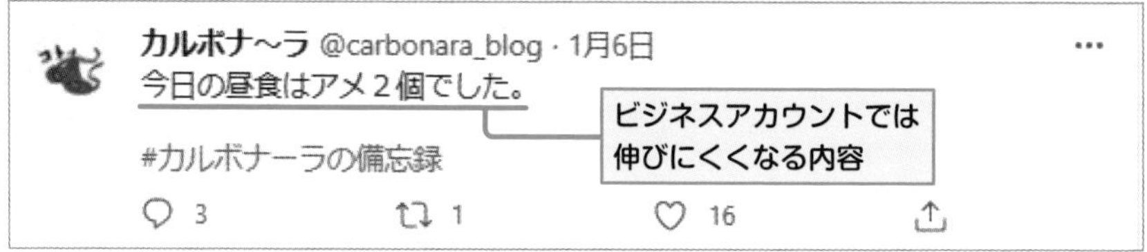

自分語りを思いつきでやると、真剣にあなたから何かを学びたい人が離れてしまいます。ビジネスアカウントなら避けるべきであり、自分語りをするにしても発信と絡めたものにしましょう。

例 「ブログ収益で○○を買った」「Twitterで知りあった○○さんと旅行」

見るだけの人がかなり大勢いる

自分語りのツイートをしても反応がつくので、一見問題なさそうに見えます。ところが、実際にはリプライやいいねをくれる人以外が、自分から離れていってしまう危険をはらんでいます。

たとえば次のようなツイートです。

◎ **見るだけの人がかなり大勢いるツイート例**

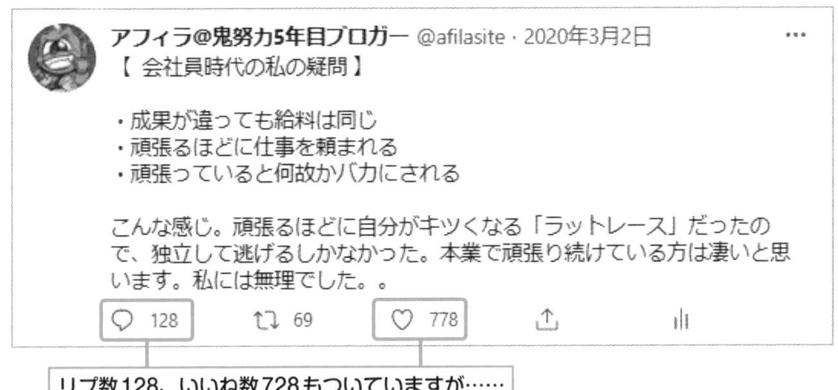

このツイートのTwitterアナリティクス（次頁参照）を見ると、インプレッション数は3万5,778です。いいねやリプライで反応してくれる人がいかに少ないかわかります。

実はこのようにいいねやリプライで反応してくる人たちは数％程度の少数派です。もちろんありがたいのですが、そこだけを見ていると運用に失敗します。**反応がないけどツイートを読んでくれているフォロワーや、今後新たにフォローしてくれる人までを考えたうえでツイートしていく姿勢**が求められるということです。

◎ 見るだけの人がかなり大勢いる（ツイートアナリティクスからわかる）

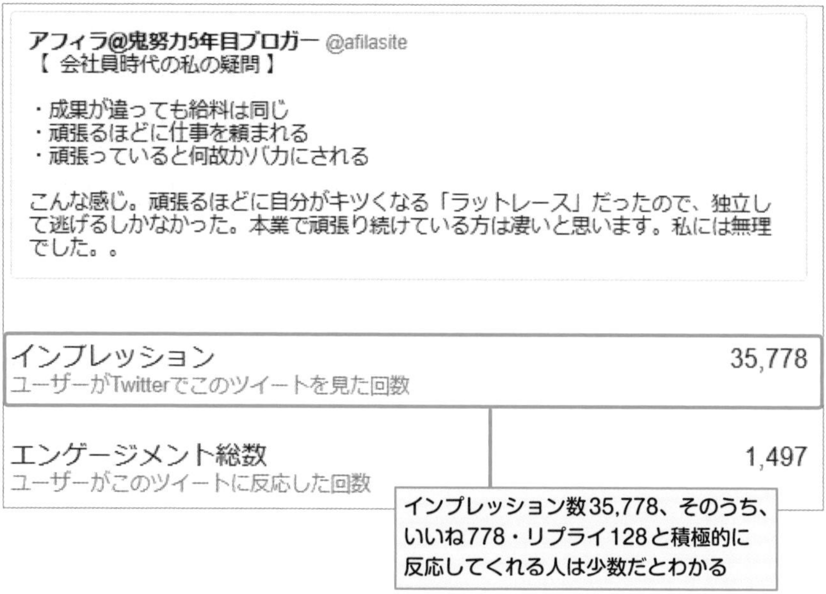

アフィラ@鬼努力5年目ブロガー @afilasite
【 会社員時代の私の疑問 】

・成果が違っても給料は同じ
・頑張るほどに仕事を頼まれる
・頑張っていると何故かバカにされる

こんな感じ。頑張るほどに自分がキツくなる「ラットレース」だったので、独立して逃げるしかなかった。本業で頑張り続けている方は凄いと思います。私には無理でした。。

インプレッション ユーザーがTwitterでこのツイートを見た回数	35,778
エンゲージメント総数 ユーザーがこのツイートに反応した回数	1,497

インプレッション数35,778、そのうち、いいね778・リプライ128と積極的に反応してくれる人は少数だとわかる

自由につぶやけないのが息苦しいという悩み

こういった話をすると、Twitterで自由につぶやけないのが何だか息苦しいといわれます。気持ちはめちゃくちゃわかります。ただ、**Twitterをビジネス運用するなら仕事と同じように捉え、自分語りなどの無益ツイートは控えてください。**

仕事で企画のプレゼンをする際、自分の日常や趣味について途中で語り出す人はまずいないですよね。それと同じように、**Twitter運用を本気でやる場合は、一切の無駄ツイートなしで運用**しましょう。

どうしても自由につぶやきたい場合は、サブアカウントを作成するのをお勧めします。

ビジネス用アカウントではプロ意識を持ち、サブアカウントでプライベートなつぶやきをすればOKです。アカウントの使い分けで解決するので、悩んでいる人は試してみてください。

02 プロフィールまわりはこだわり続けよう

Point!!

- プロフィールまわりの項目は毎週チェックして改善
- プロフィール文を改善するのが即効性が高い
- アイコンの変更は要注意

プロフィールまわりにはこだわり続ける

伸び悩む人はアイコン・プロフィールまわりに弱点があり、フォロー率が低いので、どれだけ認知を獲得してもフォロワーが増えないパターンが多いです。なので、本書で解説してきた基本的な項目については、常に改善していきましょう。

次の項目は、定期的に改善が必須の項目です。**フォロー率が1カ月目は3%以上、2カ月目以降は1%以上が目安**です。Twitterアナリティクス（Chapter2-07参照）で確認可能なので、毎週確認しましょう。

最重要プロフィール項目5つ

1. アカウント名
2. TwitterID
3. アイコン
4. ヘッダー
5. プロフィール文

プロフィール文を調整してフォロー率を上げる

特に、プロフィール文はフォロー率に影響を与えやすいので、定期的に更新しましょう。私のアカウントのプロフィールは、直近の実績値を伝えることでフォロー率の向上をねらっています。**もしフォロワーがなかなか増えず、フォロー率が低いのであれば、プロフィール文の改善から検討してみましょう**。プロフィール文の改善についてはChapter3-04を参照してください。

◎ **アフィラ｜ビジネス書図解のプロフィール文**

アイコンの変更は要注意

Twitter運用するなら、アイコンはできるかぎり変更しないほうがいいです。なぜならアイコンでアカウントを認識しているため、アイコンが変更されるとブランディングが崩れたり、視認性が落ちたりする可能性が高いからです。会社のロゴや商品パッケージが変わったとき、消費者が混乱するように、アイコンの変更も混乱を引き起こすリスクがあります。認知し続けられる前提があるならいいですが、**大幅な改善が見込めない場合はアイコンの変更は得策ではありません。**

アイコンは同じ物を使い続ける前提で、設定しておきましょう！

Chaptre7 伸び悩んだときはこれで対処しよう！

03 新規フォロワー増やしにこだわりすぎていませんか？

Point!!

- 新規獲得に躍起になるのは危険
- 既存フォロワーに対する価値提供を重視
- 認知を増やしても増えないときはほかの施策を

新規フォロワー増やしに躍起になるのは危険

多くの人が勘違いしているのが、新規フォロワーだけを増やせばフォロワーが増えるという考え方です。実際には次の式で求められる「**増加フォロワー数**」を見ていかなくてはいけません。つまり、**既存のフォロワーに解除されないよう意識しておくのが大切**ということです。

フォロワー数の正しい計算式

増加フォロワー数 ＝ 新規フォロワー数 － フォロワー解除数

そして、次の式で解除比率を求めてみましょう。ある程度のフォロワー数になると、フォロワーの解除比率25%前後になります。この解除比率はジャンルにもよりますが、基本的に**解除比率が25%を超えないように、ツイートの内容やプロフィールを注意しておきます。**

解除比率

解除比率 ＝

フォロワー解除数 ÷（新規フォロワー数 ＋ フォロワー解除数）

既存フォロワーに対する価値提供

継続してフォローしてもらうためには、**既存フォロワーに対する価値提供を意識しなくてはいけません。**そのためにも、継続的に新しい情報を提供し続けたり、交流のための企画を実施したりするツイートをしていきます。

次のツイートは、フォロワー2万4,000名時点で実施した企画ツイートですが、既存フォロワーに対する価値提供を目的にしています（新規獲得が目的なら、応募条件にアカウントフォローやリツイートを入れてインプレッション数の拡大をねらう）。

そのほか、フォローしておいてよかったと思えるようなことを継続して発信できるといいですね。

◎ **交流のための企画ツイート例**

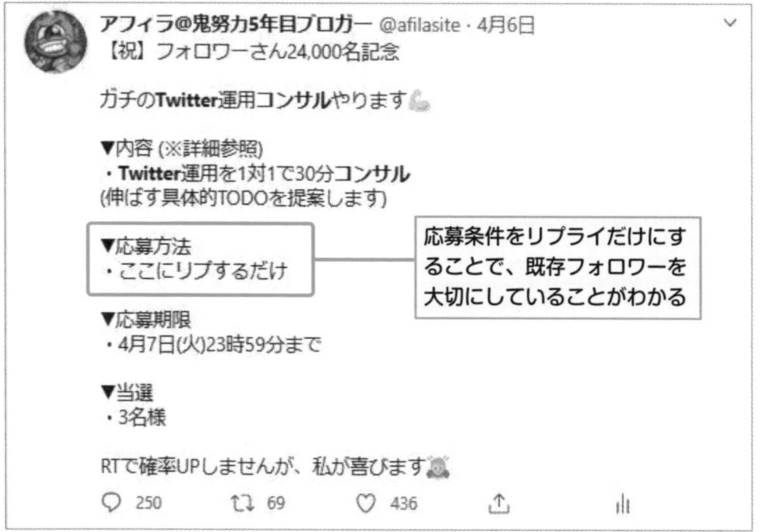

認知を増やしてもフォロワーが伸びにくいときの対策

ツイート数やリプライ数が十分なのにも関わらず、フォロワー数が増えないときは、フォロワー増加率を上げるためにほかの対策を打ったほうがいいです。

私が伸び悩みに対して対策を打つなら、次のような実施を考えていきます。

闇雲にやっていても努力が無駄になるだけなので、毎日やっているのにフォロワーがまったく増えない（または減る）状況であれば、運用自体の見直しをすることも必要です。

フォロワーが伸びにくいときの7つの対策

❶ 実績づくり、体験づくりを実施
❷ Twitter運用を学び直す
❸ 大型のTwitter企画の実施
❹ 役立つ無料コンテンツの作成
❺ 外部メディアの発信で実績をつくる
❻ インフルエンサーとの繋がりをつくる
❼ 一緒にがんばるTwitter仲間を増やす

このようにして、伸び悩みを打破するカンフル剤を入れて見るといいです。Twitter運用の理想は、毎日一定のフォロワー数を獲得し続けることですが、特定のツイートや企画がバズり、一気にフォロワー数が増加することもよくあります。そうすると、アクティブフォロワーの数も増え、自分のアカウントの反応率がよくなり、その後のツイートもどんどん伸びるようになります。

このように、**Twitter運用では自分で波をつくることも可能なので、停滞期を感じたら大きな施策を打って、自分から状況を打破するよう仕掛けていくのがお勧め**です。待っていても状況がよくなることはないので、自分から動くことが大切です。

Chaptre7　伸び悩んだときはこれで対処しよう！

04 毎日ツイートしていますか？

Point!!

- 最低でも毎日1ツイートは実施
- 基本は毎日3ツイート以上が必要
- ネタのストックをつくっておく

最低でも毎日1ツイート

伸びないと悩んでいる人は、そもそもツイート数が少ないことも多いです。リプライや企画参加をしても、ツイートがなければフォローには繋がりません。**どれだけTwitter以外のことが忙しくても、Twitterアカウントを育てたいのなら毎日最低1ツイートは必ず実施すべき**です（おはようツイート、企画ツイートは除く通常のツイート）。

Twitter運用は発信活動なので、毎日継続して発信し、自分の影響力を高めていくのが基本です。

通常時は毎日3ツイート

本気でTwitter運用をしていくなら、毎日3ツイートは必要です。自分の言葉で発信することに慣れ、ツイートをつくる習慣を身につけると、Twitter運用がうまくなっていきます。

ツイートのしかたはChapter5で解説しています。何度も読み返して、最終的には何も見ない状態で、反応率の高いツイートをつくれるようになるまでトライしてください。

ツイートづくりはネタのストックで楽になる

ツイートをつくるときにネタから考える場合と、ネタがすでに決まっている場合とでは、体感で作成時間が5倍くらい違います。騙されたと思って、**ツイートネタを常日頃からメモ帳に記録するクセをつけておきましょう。**

Twitterを含めた発信活動を長く続けていくほど自分の過去の投稿をネタにできるので、続けていくと楽になります。最初の3カ月は大変ですが、毎日ツイートし続けていれば、過去のツイートをリツイートしたり、今日思ったコメントを新たにつけて引用リツイートしたりできるようになります。

アカウントタイムラインを整える

アカウントタイムラインを内容のあるツイートで充実させ、アクティブにツイートしているのがわかれば、当然フォロワー数は伸びやすくなります。

最新のツイートを並べたり、自己リツイートでいいね数の多いツイートをタイムラインの上に用意しておくのがコツです。

◎ いいアカウントタイムライン例

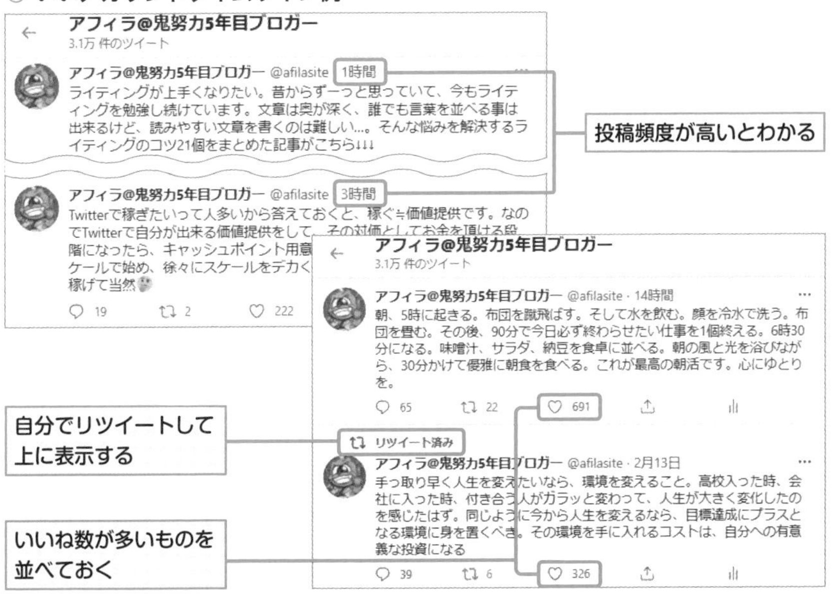

Chaptre 7 伸び悩んだときはこれで対処しよう！

05 まわりのすごい人を気にせず、マイペースで続けよう

Point!!

- Twitterはすごい人がピックアップされるしくみ
- いいねやフォロワー数を他人と比較しなくていい
- マウントを取られてもスルーでOK

Twitterはすごい人がピックアップされるしくみ

Twitterのタイムラインはいいね、リツイートなどが多い人、つまりすごい人がタイムラインに上がってくるしくみになっています。そのため、短期間でバズってフォロワーが爆伸びしている人や、普通の人には出せない結果を叩き出している人の投稿ばかりが見えます。

その人たちと自分を見比べて落ち込んでしまう人が多いのですが、そもそも比較する必要はまったくありません。Twitter上は、年齢も職種も才能も実績も、使えるお金も時間も大きく異なる人たちであふれ返っています。まさに無差別級の戦いになっているので、無理にすべてに勝とうとしなくていいわけです。

自分が立てた目標に向かって、昨日よりも自分が目標に近づいているならOK。比較する軸を自分の中に持って、コツコツとTwitter運用を続けていきましょう。

比べる必要のない物リスト

そのほか、Twitterで他人と比べる必要のないものを挙げてみましょう。こんなことを比べて落ち込むくらいなら、精神衛生上よくないのでそもそも他

人と比較するのをやめましょう。**他人と比較して自分のレベルアップを目指す分析に役立てるならアリですが、無意味に落ち込むなら「最初から気にしない」という気持ちでいましょう。**

比べる必要のないもの

- **いいね、リツイート数**
- **リプライの数**
- **フォロワー数**
- **収益金額などの実績**

マウントを取られてもスルーでOK

Twitterをやっている人は自己顕示欲が強く、やたらとマウントを取ってきますが、全部スルーでOKです。あとからはじめたけどフォロワー数が上だとか、短期間で○○人増やした、○○円稼いだとか、いろいろ見えてきますが、スルーしましょう。

Twitter運用は実力だけでなく、選んだジャンルや人との繋がり、タイミングといった運要素も大きく絡んでくるので、気にしすぎないのが1番です。

結局、他人は他人、自分は自分なので、自分の運用に目を向けてコツコツと改善しながら伸ばしていくのみです。**自身のフォロワーに対して価値提供をする姿勢を崩さなければ、フォロワー数は自然と増えていきます。**

Chapter 7

Chaptre 7　伸び悩んだときはこれで対処しよう！

06 タイムラインをリツイートばかりにするのはダメ

Point!!

- リツイートばかりしてしまうのはNG
- 自己リツイートをうまく活用して、自分のツイートを上に
- 時間差でスレッド形式にするのも有効

アカウントタイムラインをリツイートばかりにするのはNG

どれだけ役立つコンテンツであっても、自分のアカウントタイムラインを他人のリツイートや引用リツイート、シェアツイートなどで埋めるのはNGです。

「プロフィールをクリックしてどんな人かな？」と興味を持って見にきたのに、ほかの人のリツイートで埋まっていて、あなた自身のツイートをなかなか見つけることができないようでは、どんな人かわかりません。リツイートばかりする人だと思われて、フォローしてもらえなくなってしまいます。

これでは非常にもったいないですよね。これを防ぐのは簡単な話で、リツイートばかりしすぎないようにして、あなた自身のツイートとのバランスを考えながらリツイートすれば大丈夫です。

タイムラインは新規の人に
自分をアピールする場所。
常に見られる意識をもって整えよう！

◎ リツイートばかりのNGなアカウントタイムライン例

アフィラ@鬼努力5年目ブロガー
3.1万 件のツイート

リツイート済み

しかまる@ブログ系YouTuber @shikamarurobo・2020年12月16日

【文章術の超入門】ブログで稼ぐライティング力を極める完全ロードマップ

・完全無料
・動画12本
・記事13本
・文字数約5万文字

控えめに言って「神コンテンツ」を作ってしまいました。ライティング力爆上げして一緒に結果を出しましょう✨応援RT大歓迎🙇

#ブログ初心者

【文章術の超入門】ブログで稼ぐライティング力を極める完全ロード...
しかまるブログの文章が上手く書けない。もっと読みやすい文章が書きたい。さらにライターとしても稼げるようになりたい...。今回は、こ...
shikamarublog.com

52　113　829

このスレッドを表示

リツイート済み

べろりか 格安SIMのプロ @bero_rika・40分

宣伝させてください。
プロフにも書いてる、僕が所属してるサロンの #プロバーオンライン について。
初期メンバーなんだけどどんどん成長していくのが楽しい。ノウハウも大体解決できるし、仲間が頑張ってると自分もやらなきゃって気持ちになれるのがまじでいい！
そこのお姉様、一緒に頑張らない😌？

2　2　26

ほかの人のリツイートばかりが続いていて自分のツイートが出てこない

Chapter 7

自己リツイートをうまく使う

自分のツイートをリツイートすることを、自己リツイートと呼びます。自己リツイートを使うと、自分のツイートがアカウントタイムラインの上に表示されるので、伸びているツイートを上に並べるといいです。

たとえばほかの人のツイートをリツイートしたり、感想シェアツイートをした場合も、自己リツイートを使って自分のツイートを上に表示しておきます。このひと工夫で、新規で来た人にもツイートを読んでもらうことができ、フォローするかしないかの判断材料を提示できます。

たとえば次のようにします。

◎ 自己リツイートでアカウントタイムラインを埋めた例

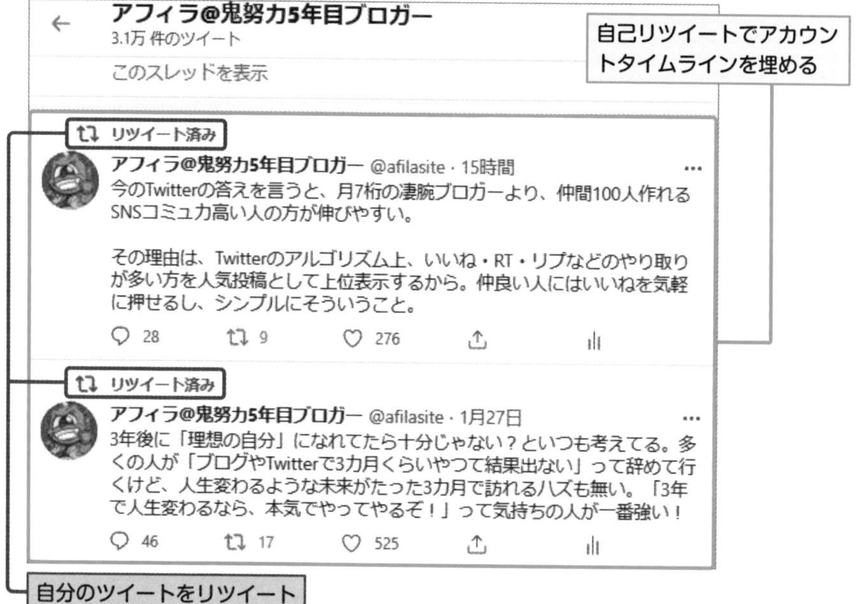

いいね数が多いツイートなどをブックマークに保存しておき、自己リツイートして上に表示すればタイムラインの見た目がよくなります。

タイムラインは新規の人によく見られるので、うまく自己リツイートを使うのがフォロー率をアップさせるコツです。

時間差でスレッド形式にするのも有効

自分のツイートにリプライを送ると、スレッド形式になります。この**スレッド形式にすると、アカウントタイムラインの最上部に表示されます。**

たとえば次のツイートようになります。

自己リツイートではなく、スレッド形式にするのはひと手間かかりますが、内容を足すことでツイートの内容も膨らむので価値があります。

◎ スレッド形式にしてアカウントタイムラインの1番上に表示

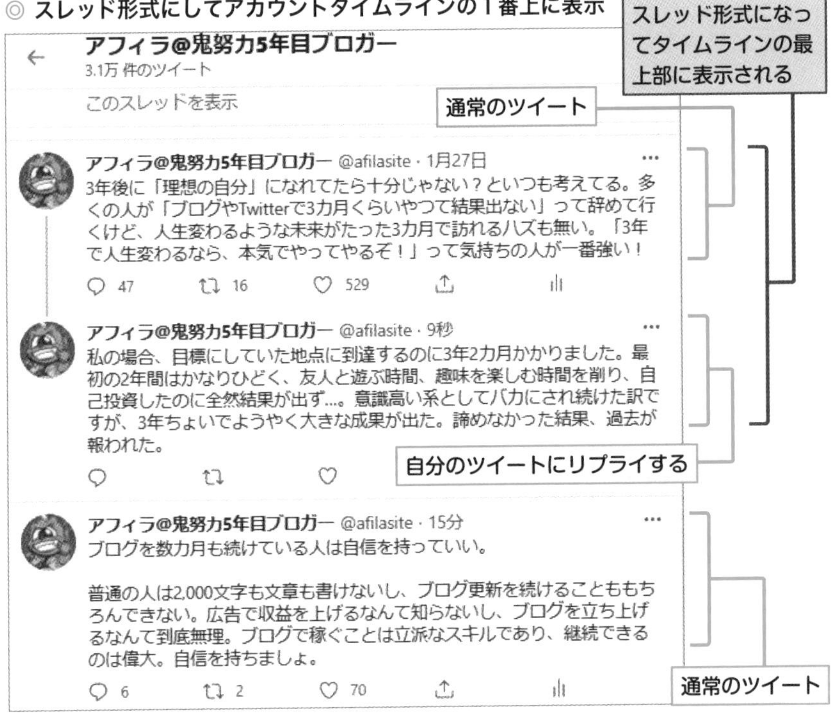

基本的に24時間経過したツイートは、その後ほぼ見られることはありません。自分のツイートにリプライを加えてスレッド形式にすることで、伸びているツイートをスレッドで再活用し、リツイート数・いいね数を増やせます。

伸びているツイートをスレッドで再活用すれば、内容も濃くなるので一石二鳥です。アカウントタイムラインを整えるためにスレッド形式をぜひ、活用していきましょう！

Chaptre 7 伸び悩んだときはこれで対処しよう！

07 結果は急がず コツコツ継続が1番大事

Point!!

- 短期の結果はさほど気にしない
- 継続するほど楽になっていく
- Twitterは試行錯誤を継続するのが大事

短期の結果はさほど気にしない

Twitterは中長期的に伸びればOKなので、短期で見た場合の結果を気にする必要はありません。1週間やってみてまったく反応がなくてやめていく人や、順調に伸びていたけれど勢いが少し落ちてきたから不安になってやる気が下がり、結果的にTwitter運用に失敗する人がよくいます。

Twitter運用は波があるので、**注目を浴びるときは一気にフォロワー数が増えますが、はじめたばかりのころは伸びにくいもの**です。なので、波が来るときに備えて毎日コツコツと続けていくことが大事です。

継続するほど伸ばすのが楽になっていく

Twitterは継続すればするほど、楽になっていきます。

実はTwitter運用は最初が1番大変で、慣れてくると要領がつかめるので楽になってきます。本書を読んでいる人は初心者だったり、Twitterをやっていてもなかなかうまくいかない人が多いと思いますが、しっかり6カ月間も運用すれば中堅、1年も運用すればベテランになります。常にどうしたらもっとよくなるか？　という思考を続けながら、Twitter運用を続けていくとどんどん伸びていくはずです。

継続するほど、伸ばすのが楽になる理由は次の4つです。

継続するほど伸ばすのが楽になる4つの理由

1. **Twitter運用に詳しくなっていく**
2. **Twitter上の仲間が増えていく**
3. **自分を知っている人が増えていく**
4. **過去ツイートのネタ・データが蓄積されていく**

Twitter運用は試行錯誤あるのみ

Twitter運用をはじめて1年半、メインアカウント3万7,000フォロワー、サブアカウント1万1,000フォロワーに到達しました。その運用活動の中で1番強く感じているのは、「Twitterは試行錯誤を継続するのが大事である」ということ。その理由は次の3つです。

Twitterは試行錯誤を継続するのが大事な3つの理由

1. **継続できず脱落する人が99%**
2. **フォロワー数ごとに求められる戦略が異なる**
3. **ブランディングは継続によって成立する**

Twitterで失敗する人の多くが、Twitter運用を継続できなくなってしまいます（やる気がなくなり適当なツイートをしている状態も、継続失敗です）。

伸び続けるためには、時代を読んだりデータを分析したり、最新の知識を取り入れる必要があります。またブランディングの確立は1日にして成らず、発信を何十日も続けていくなかで完成します。

常に試行錯誤を続けられる人がTwitter運用に向いている人なので、継続が大前提にあると覚えておいてください。

そのうえに各種ノウハウやテクニックが生きてきます。コツコツと目標に向かって1歩ずつ進めていきましょう。

おわりに

本書を最後まで読んでいただき、ありがとうございます。また、書籍内で登場することを快諾いただいたみなさま、本書籍の企画・編集に携わっていただいたソシム株式会社のみなさまに、この場をお借りして感謝申しあげます。

最後に本書を読んでいただいた読者のみなさまに、どうしてもお伝えしたいことを書いておきます。

Twitter運用には100%の正解はありません。その理由は、Twitterアカウント自体も結局のところ人だからです。そしてフォロワーも人だからです。本書に書かれたテクニックも、私自身で効果を確認したたもの、周囲で効果があると確認できているものを掲載していますが、100%効果が出る保証はありません。では、どうすればいいのでしょうか?

それは、自分で試行錯誤してTwitter運用を修正し続けることです。
本書のテクニックをベースにしながら、実践と改善を繰り返し、Twitterアカウントを伸ばすことが大切です。幸いTwitterは反応がすぐに返ってくるので、PDCAは回しやすいですよね。そのため、「本書を読む ⇒ 実践 ⇒ 確認 ⇒ 改善」で、よりいいTwitter運用を目指していきましょう。

そして何事もそうですが、自分で実践しなければ何もはじまりません。本書で解説したとおり、Twitterは人生を好転させせる力を秘めていますが、それは3カ月、半年、1年、2年と継続した先に待っている未来です。読んだ知識を生かし、まずはTwitter運用をはじめることが成果を出す1歩目です。早ければ早いほどいいので、今日から実践してみてください。

あなたとTwitter上でお会いできるのを楽しみにしています。早速、Twitter運用をはじめてみましょう！　それでは！

鬼努力ブロガー　アフィラ

Twitter 集客のツボ100 購入者限定特典プレゼント

本気でTwitter集客したい人向けセミナー動画
Twitter総フォロワー５万名の著者によるオンラインセミナー

オンラインセミナー内容

- **ツイートのつくり方**
- **アカウントのコンセプトの決め方**
- **Twitterを伸ばすための考え方**

これらの内容についてセミナー動画を無料でプレゼントします。これからTwitterを本気で伸ばして集客に役立てたい人、本書の内容をより理解したい人はぜひご覧ください。フォロワー数の増加に繋がるツイートのつくり方などを解説します！

特典動画プレゼントURL
https://afila0.com/present38326/

※購入者限定特典の配布は予告なく終了する可能性があります。あらかじめご了承ください。
※上記URLを入力し動画をご視聴ください。

Twitter運用はまず実践！
実践の中で悩むことは本書で再確認！
さあ、Twitter集客を開始してみよう！

・カバーデザイン　　植竹裕
・イラスト　　GNA シンノスケ
・本文デザイン・DTP　嶺岡涼

共感される運用 & 人を集める運用のしかた
ビジネスを加速させる使い方も初心者の人も再入門の人も!
Twitter（ツイッター） 集客（しゅうきゃく）のツボ98

2021年4月9日初版第1刷発行
2022年10月12日初版第5刷発行

著　者　アフィラ
発行人　片柳秀夫
編集人　福田清峰
発　行　ソシム株式会社
https://www.socym.co.jp/
〒101-0064 東京都千代田区神田猿楽町 1-5-15 猿楽町 SS ビル 3F
TEL：03-5217-2400（代表）
FAX：03-5217-2420
印刷・製本　音羽印刷株式会社

定価はカバーに表示してあります。
落丁・乱丁は弊社編集部までお送りください。
送料弊社負担にてお取替えいたします。
ISBN 978-4-8026-1297-5